100 Aufgaben Prozentrechnen

von leicht bis schwer

5.–8. Klasse

von Heike Homrighausen

Bibliografische Information Der Deutschen Bibliothek
Die Deutsche Bibliothek verzeichnet diese Publikation in der Deutschen Nationalbibliografie; detaillierte bibliografische Daten sind im Internet über http://dnb.ddb.de abrufbar.

Auflage 5. 4. 3. 2. 1. | 2014 2013 2012 2011 2010
Die letzten Zahlen bezeichnen jeweils die Auflage und das Jahr des Druckes.

Dieses Werk folgt der reformierten Rechtschreibung und Zeichensetzung.

Umschlagfoto: Corbis (Marnie Burkhart), Düsseldorf
Satz: topset Computersatz, Nürtingen; Susanne Glenz, Stuttgart
Druck: AZ Druck und Datentechnik GmbH, Kempten
ISBN 978-3-12-920028-5

9 783129 200285

Liebe Schülerin, lieber Schüler,

mit diesem Block kannst du deine Kenntnisse in Prozentrechnung üben und festigen. Die wichtigsten Begriffe und Regeln der Prozentrechnung findest du ganz vorne, auf dem „Spickzettel Prozentrechnung", den du dir kopieren und über den Schreibtisch hängen kannst. Das gleiche gilt für den „Spickzettel Zinsrechnung".

Die 100 Aufgaben führen dich Schritt für Schritt von einfachen Rechenaufgaben bis zu komplexen Anwendungsaufgaben. Sie beschäftigen sich mit Themen aus ganz unterschiedlichen Bereichen. Blättere den Block einfach durch und steig ein, wo es dir gefällt. Du wirst merken, dass Aufgaben mit Sternchen besondere Anforderungen stellen.

In den Randspalten findest du hilfreiche Tipps und Tricks zum Lösen der Aufgaben. Traust du es dir zu, auch ohne diese Tipps zur richtigen Lösung zu kommen? Knicke die Randspalte dann einfach um. Alle Aufgaben können ohne Taschenrechner gerechnet werden. Manchmal ist der Gebrauch jedoch sinnvoll, du findest in der Randspalte einen entsprechenden Hinweis. Lösungen und Tipps für den Rechenweg findest du jeweils auf der Rückseite eines Blattes.

Viel Erfolg wünschen dir deine Schlaumeier!

Spickzettel Prozentrechnung

Als **Prozent** bezeichnet man den Anteil an einem Ganzen in Hundertsteln.

Es ist 1 Prozent = 1 % = $\frac{1}{100}$ = 0,01 und $\mathbf{p\,\% = \frac{p}{100}}$.

Das kannst du dir ganz einfach an einem Beispiel merken:

2 von 20 Mäusen sind schwarz. Das sind $\frac{2}{20} = \frac{10}{100} = 10\,\%$.

Alles / das Ganze

=

Grundwert

Ein Teil davon

=

Prozentwert

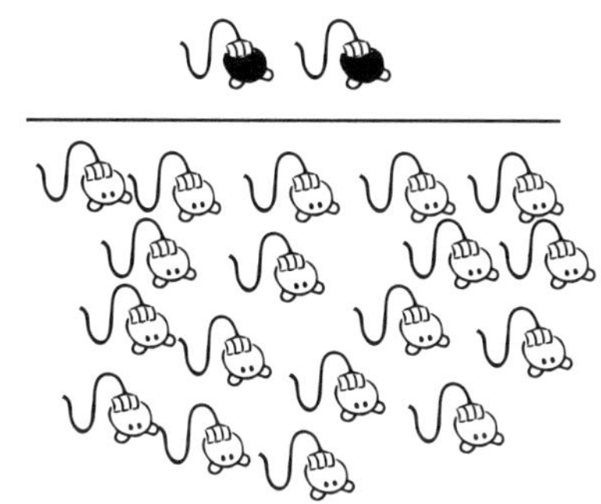

Bruchteil vom Ganzen

=

Prozentsatz

$$\frac{\text{Prozentwert}}{\text{Grundwert}} = \frac{\text{Prozentsatz}}{100}$$

oder kurz

$$\frac{W}{G} = \frac{p}{100}$$

Wenn du den Dreisatz verkürzt schreibst, erhältst du diese Formel zur Prozentrechnung.
Merke sie dir gut – mit ihr kannst du alle Aufgaben der Prozentrechnung lösen!

Durch Umformen erhältst du

$$G = \frac{W}{p} \cdot 100$$

zur Berechnung des Grundwertes G

$$W = G \cdot \frac{p}{100}$$

zur Berechnung des Prozentwertes W

$$p\,\% = \frac{W}{G} \cdot 100$$

zur Berechnung des Prozentsatzes p %

Anwendungen der Prozentrechnung

Promille sind Tausendstel: $1‰ = \frac{1}{1000}$ und **p ‰** = $\mathbf{\frac{1}{1000}}$.

Vermehrter – Verminderter Grundwert:

Eine **Vermehrung** von G um p % bedeutet Multiplikation von G mit (100 % + p %) bzw. $\left(1 + \frac{p}{100}\right)$.

Eine **Verminderung** von G um p % bedeutet Multiplikation von G mit (100 % – p %) bzw. $\left(1 - \frac{p}{100}\right)$.

Spickzettel Zinsrechnung

Die **Zinsrechnung** ist ebenfalls eine Anwendung der Prozentrechnung.
Es gilt:

Zinssatz p % ≙ Prozentsatz p %
Kapital K ≙ Grundwert G
Zinsen ≙ Prozentwert W

Das **Kapital** ist das Guthaben.
Die (Jahres-) **Zinsen** sind das Geld, das die Bank für das Guthaben oder Kapital, das man ihr überlässt, bezahlt.

$$\frac{\text{Zinsen}}{\text{Kapital}} = \frac{\text{Zinssatz}}{100}$$

oder kurz

$$\frac{Z}{K} = \frac{p}{100}$$

So sieht die Formel zur Zinsrechnung aus.
Merke sie dir gut – mit ihr kannst du alle Zins-Aufgaben lösen!

Durch Umformen erhältst du

$$p\,\% = \frac{Z}{K} \cdot 100$$

zur Berechnung des Zinssatzes p %

$$Z = K \cdot \frac{p}{100}$$

zur Berechnung der Zinsen Z

$$K = \frac{Z}{p} \cdot 100$$

zur Berechnung des Kapitals K

Eine weitere Formel kommt bei der Zinsrechnung hinzu: Wird ein Geldbetrag nur für einen **Teil des Jahres** verzinst, wird auch nur ein Teil der Jahreszinsen ausgezahlt.
In diesem Fall kannst du mit der nebenstehenden Formel rechnen.
Dabei sind t die Tage, für die das Guthaben verzinst wird.
$\frac{t}{360}$ sind die Tage im Verhältnis zu einem Jahr, das im Bankenwesen mit 360 Tagen gerechnet wird.

$$Z = K \cdot \frac{p}{100} \cdot \frac{t}{360}$$

Rechnen mit Prozenten und Promillen

Da diese Prozentangaben häufig vorkommen, kannst du dir durch Auswendiglernen viel Rechenarbeit ersparen.

1 Berechne die folgenden Prozentsätze und lerne sie auswendig.

a) $\frac{1}{100}$ = ________ %

b) $\frac{1}{50}$ = ________ %

c) $\frac{1}{25}$ = ________ %

d) $\frac{1}{20}$ = ________ %

e) $\frac{1}{10}$ = ________ %

f) $\frac{1}{8}$ = ________ %

g) $\frac{1}{6}$ = ________ %

h) $\frac{1}{5}$ = ________ %

i) $\frac{1}{4}$ = ________ %

j) $\frac{1}{3}$ = ________ %

k) $\frac{1}{2}$ = ________ %

l) $\frac{3}{4}$ = ________ %

Lösungen

1 a) 1 % b) $\frac{2}{100}$ = 2 % c) $\frac{4}{100}$ = 4 %

d) $\frac{5}{100}$ = 5 % e) $\frac{10}{100}$ = 10 % f) 12,5 %

g) $16\frac{2}{3}$ % h) $\frac{20}{100}$ = 20 % i) $\frac{25}{100}$ = 25 %

j) $33\frac{1}{3}$ % k) $\frac{50}{100}$ = 50 % l) $\frac{75}{100}$ = 75 %

Prozentangaben in Dezimalzahlen umwandeln

2 Schreibe als Dezimalzahlen.

a) 0,8 % =

b) 6 % =

c) 21,3 % =

d) 45,02 % =

e) 75 % =

f) 1,05 % =

g) 120 % =

h) 300 % =

Prozentangaben kannst du ohne Rechnen in Dezimalzahlen verwandeln, wenn du das Komma **um 2 Stellen nach links** verschiebst.

Lücken ersetzt du durch Nullen.

a) 0,8 % = 0,008

Lösungen

2 a) 0,008 b) 0,06

c) 0,213 d) 0,4502

e) 0,75 f) 0,0105

g) 1,20 h) 3

Prozentangaben in Brüche umwandeln

3 Schreibe die Prozentangaben als Bruch und kürze wenn möglich.

a) 5 % =

b) 30 % =

c) 60 % =

d) 75 % =

e) 100 % =

f) 200 % =

g) 90 % =

h) 350 % =

Denke daran:

$1\% = 1 \cdot \frac{1}{100} = \frac{1}{100}$

$p\% = p \cdot \frac{1}{100} = \frac{p}{100}$

Lösungen

3 a) $\frac{5}{100} = \frac{1}{20}$ b) $\frac{30}{100} = \frac{3}{10}$ c) $\frac{60}{100} = \frac{3}{5}$

d) $\frac{75}{100} = \frac{3}{4}$ e) $\frac{100}{100} = 1$ f) $\frac{200}{100} = 2$

g) $\frac{90}{100} = \frac{9}{10}$ h) $\frac{350}{100} = \frac{35}{10} = \frac{7}{2}$

Prozentangaben in Brüche umwandeln

4 Schreibe als Bruch und kürze wenn möglich.

a) 0,5 % =

b) 12,5 % =

c) 0,03 % =

d) 5,2 % =

e) 42,5 % =

f) 117,2 % =

g) 704 % =

h) 0,16 % =

Achte darauf, dass in Zähler und Nenner keine Dezimalzahlen stehen; erweitere in diesem Fall jeweils mit 10 oder 100.

a) $\frac{0,5}{100} = \frac{5}{1000} = \frac{1}{200}$

Lösungen

4 a) $\frac{5}{1000} = \frac{1}{200}$ b) $\frac{125}{1000} = \frac{1}{8}$ c) $\frac{3}{10\,000}$

d) $\frac{52}{1000} = \frac{13}{250}$ e) $\frac{425}{1000} = \frac{85}{200} = \frac{17}{40}$ f) $\frac{1172}{1000} = \frac{293}{250}$

g) $\frac{704}{100} = \frac{176}{25}$ h) $\frac{16}{10\,000} = \frac{1}{625}$

Dezimalzahlen in Prozentangaben umwandeln

5 Verwandle in Prozent.

a) 0,1 = ________ %

b) 0,05 = ________ %

c) 0,25 = ________ %

d) 0,88 = ________ %

e) 0,08 = ________ %

f) 0,6 = ________ %

g) 0,763 = ________ %

h) 0,125 = ________ %

i) 1,48 = ________ %

j) 1,02 = ________ %

Beim Verwandeln von Dezimalzahlen in Prozentangaben musst du das Komma **um 2 Stellen nach rechts** verschieben.
Lücken ersetzt du durch Nullen.

a) 0,10 = 10 %

Lösungen

5 a) 10 %   b) 5 %   c) 25 %   d) 88 %

e) 8 %   f) 60 %   g) 76,3 %   h) 12,5 %

i) 148 %   j) 102 %

Dezimalzahlen in Prozentangaben umwandeln

6 Gib die Dezimalzahlen in Prozent an.

a) 0,07 = ________ %

b) 0,1 = ________ %

c) 0,25 = ________ %

d) 0,04 = ________ %

e) 0,002 = ________ %

f) 0,67 = ________ %

g) 1,8 = ________ %

h) 4,3 = ________ %

Verschiebe wieder das Komma um 2 Stellen nach rechts.

Lücken ersetzt du durch Nullen.

b) 0,10 = 10 %

Lösungen

6 a) 7% b) 10% c) 25% d) 4%

e) 0,2% f) 67% g) 180% h) 430%

Brüche in Prozentangaben umwandeln

7 Gib die Anteile in Prozent an.

a) $\frac{1}{30}$ = ________ %

b) $\frac{23}{50}$ = ________ %

c) $\frac{9}{20}$ = ________ %

d) $\frac{13}{40}$ = ________ %

e) $\frac{7}{12}$ = ________ %

f) $\frac{11}{8}$ = ________ %

g) $\frac{5}{2}$ = ________ %

h) $2\frac{2}{5}$ = ________ %

Denke an die Prozentsätze, die du auswendig gelernt hast.

a) – d)

$\frac{1}{3} = 33\frac{1}{3}\%$, also gilt

$\frac{1}{30} = 3\frac{1}{3}\%$

$\frac{1}{50} = 2\%$, also gilt

$\frac{23}{50} = 23 \cdot 2\%$

Lösungen

7 a) $3\frac{1}{3}\,\%$ b) $\frac{46}{100} = 46\,\%$ c) $\frac{45}{100} = 45\,\%$

d) $32{,}5\,\%$ e) $58\frac{1}{3}\,\%$ f) $137{,}5\,\%$

g) $\frac{250}{100} = 250\,\%$ h) $2{,}4 = \frac{240}{100} = 240\,\%$

Brüche in Prozentangaben umwandeln

8 Verwandle in Prozent.

a) $\frac{1}{5}$ = ________ %

b) $\frac{3}{8}$ = ________ %

c) $\frac{7}{10}$ = ________ %

d) $\frac{3}{4}$ = ________ %

e) $\frac{9}{20}$ = ________ %

f) $\frac{17}{25}$ = ________ %

g) $\frac{39}{50}$ = ________ %

h) $1\frac{3}{5}$ = ________ %

i) $2\frac{7}{20}$ = ________ %

j) $3\frac{5}{8}$ = ________ %

Verwandle die Brüche in Dezimalzahlen und verschiebe das Komma um 2 Stellen nach rechts.

Lösungen

8 a) 20 % b) 37,5 % c) 70 % d) 75 %

e) 45 % f) 68 % g) 78 % h) 160 %

i) 235 % j) 362,5 %

Umwandeln von Prozentangaben, Brüchen und Dezimalzahlen

9 Fülle die fehlenden Felder aus.

a)

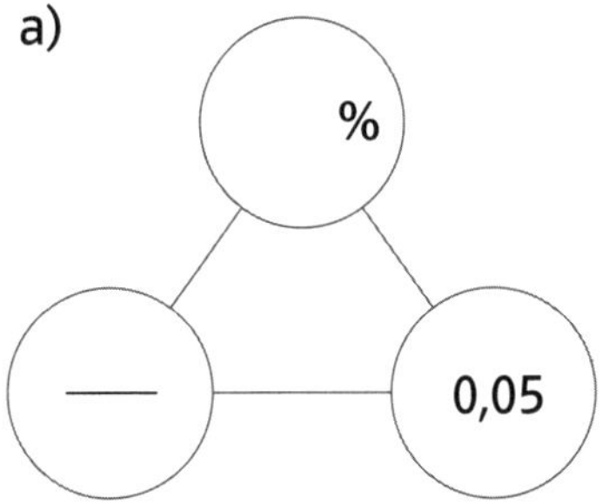

b)

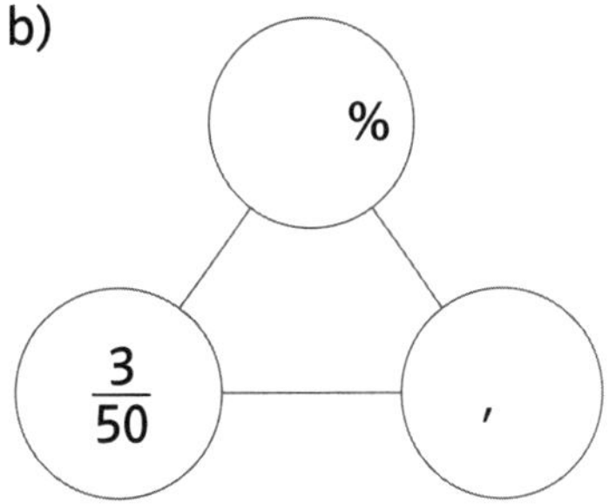

c)

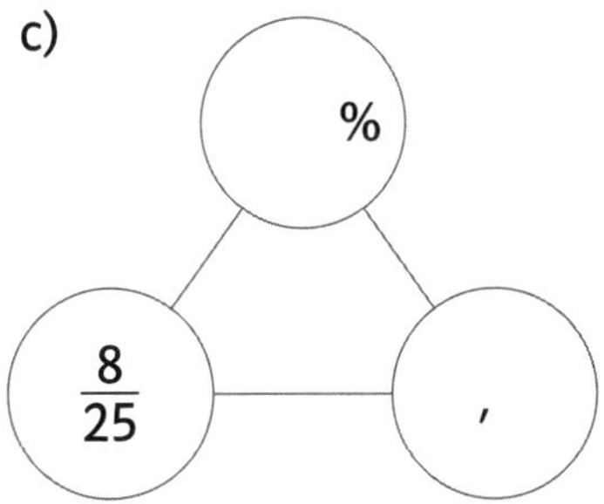

d)

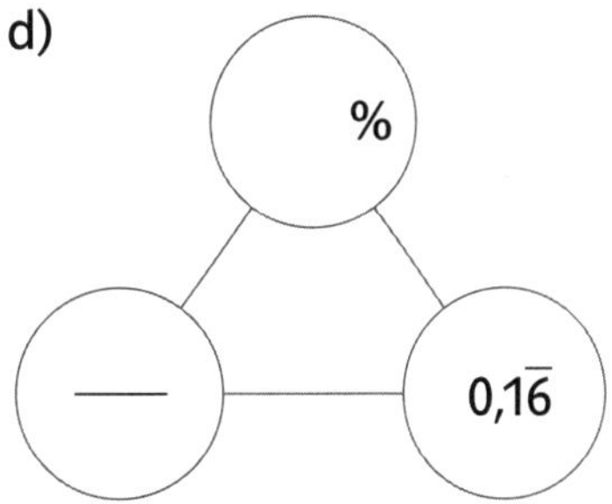

Lösungen

9 a)

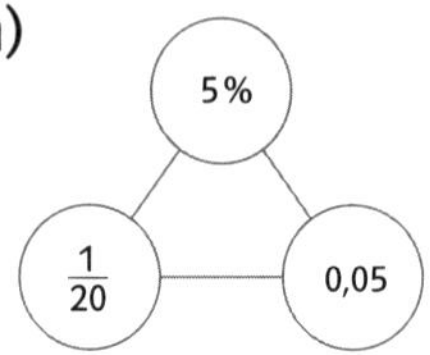

b)

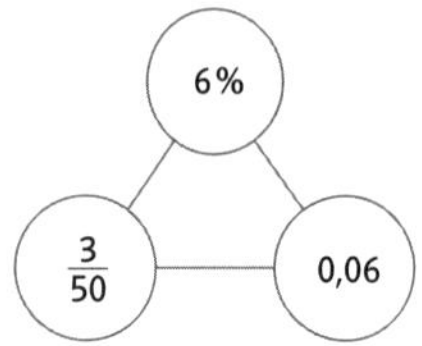

c)

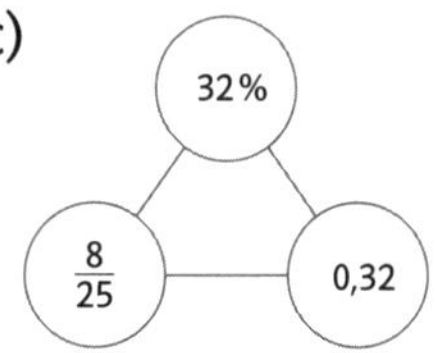

d)

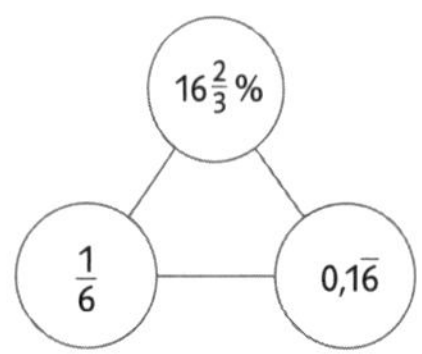

Umwandeln von Prozentangaben, Brüchen und Dezimalzahlen

10 Vervollständige.

a)

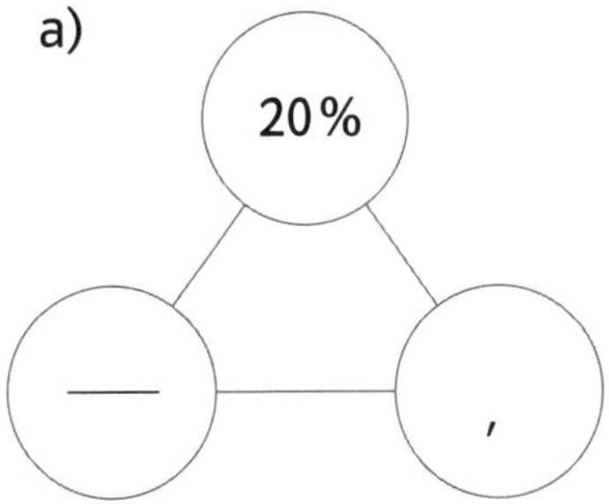

b)

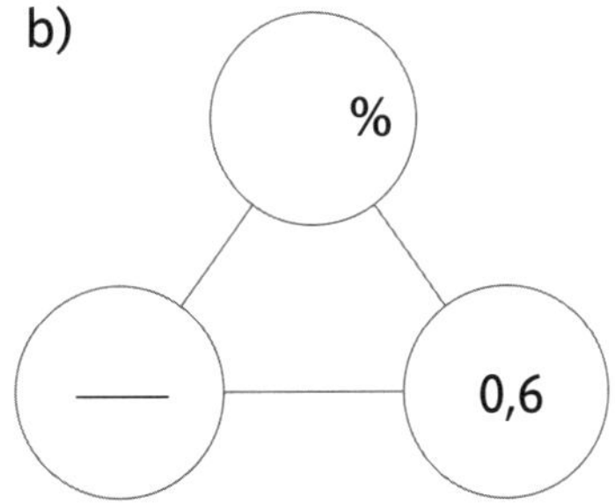

c)

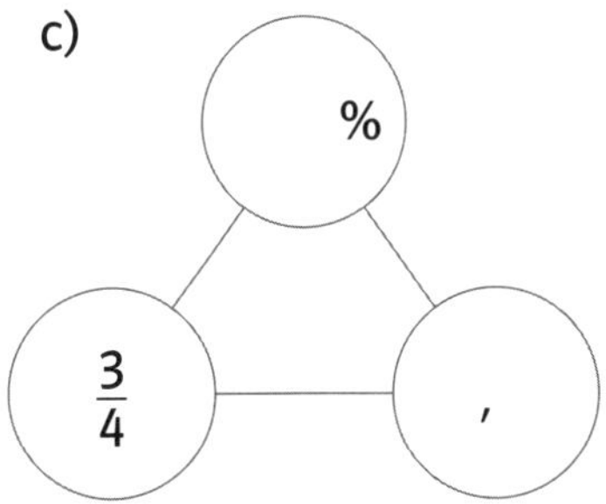

d)

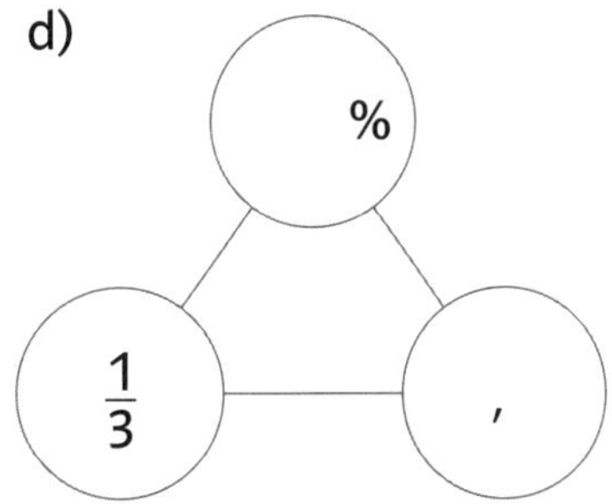

Lösungen

10 a)

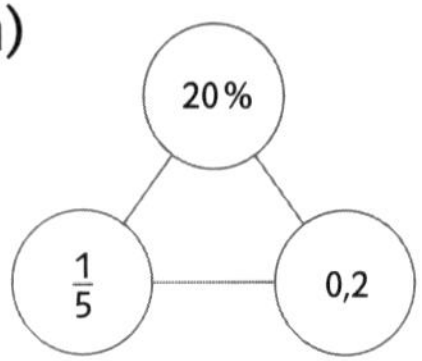

b)

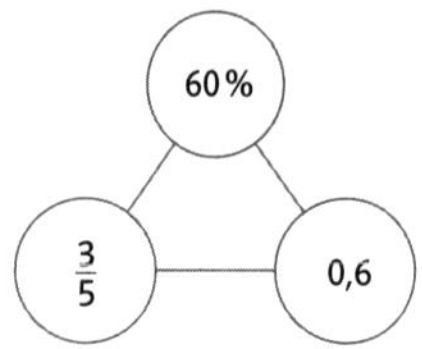

c)

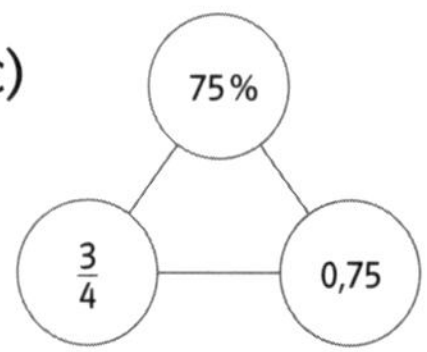

d)

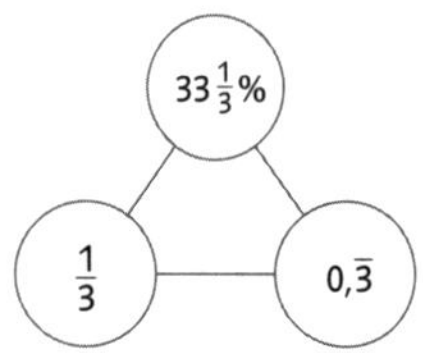

Umwandeln in Prozentangaben

11 Wie viel Prozent sind

a) die Hälfte

b) ein Fünftel

c) ein Drittel

d) der zehnte Teil

e) jeder Achte

f) die Hälfte der Hälfte

g) ein Viertel der Hälfte

h) 3 von 4

i) 3 von 50

j) 12 von 15

k) 48 von 96

l) 14 von 25

m) 35 von 700

„**von**" heißt

- bei **ganzen** Zahlen **dividieren**
- bei **Brüchen multiplizieren**.

f) rechne $\frac{1}{2} \cdot \frac{1}{2}$

Lösungen

11

a) 50 %

b) 20 %

c) $33\frac{1}{3}$ %

d) $\frac{1}{10} = 10\,\%$

e) $\frac{1}{8} = 12{,}5\,\%$

f) $\frac{1}{2} \cdot \frac{1}{2} = \frac{1}{4} = 25\,\%$

g) $\frac{1}{4} \cdot \frac{1}{2} = \frac{1}{8} = 12{,}5\,\%$

h) $\frac{3}{4} = 75\,\%$

i) $\frac{3}{50} = 6\,\%$

j) $\frac{12}{15} = \frac{4}{5} = 80\,\%$

k) $\frac{48}{96} = \frac{1}{2} = 50\,\%$

l) $\frac{14}{25} = 56\,\%$

m) $\frac{35}{700} = \frac{5}{100} = 5\,\%$

Der Größe nach ordnen

12 Berechne die Prozentsätze und ordne der Größe nach.

a) 2 von 5

b) 3 von 4

c) 7 von 25

d) 12 von 40

e) 35 von 50

f) 7 von 8

Verwandle die Anteile zuerst in einen Bruch.

a) $\frac{2}{5} = 40\,\%$

Lösungen

12 a) $\frac{2}{5} = 40\,\%$ b) $\frac{3}{4} = 75\,\%$ c) $\frac{7}{25} = 28\,\%$

d) $\frac{12}{40} = 30\,\%$ e) $\frac{35}{50} = 70\,\%$ f) $\frac{7}{8} = 87{,}5\,\%$

Also gilt: $\frac{7}{25} < \frac{12}{40} < \frac{2}{5} < \frac{35}{50} < \frac{3}{4} < \frac{7}{8}$

Überschläge

13 Überschlage im Kopf, welchem Prozentsatz der Anteil ungefähr entspricht.

a) 44 von 90

b) 69 von 210

c) 120 von 59

d) 121 von 479

e) 5 von 48

f) 395 von 1590

Lösungen

13 a) 45 von 90 = $\frac{1}{2}$ = 50 %

b) 70 von 210 = $\frac{1}{3}$ = $33\frac{1}{3}$ %

c) 120 von 60 = 2 = 200 %

d) 120 von 480 = $\frac{1}{4}$ = 25 %

e) 5 von 50 = $\frac{1}{10}$ = 10 %

f) 400 von 1600 = $\frac{1}{4}$ = 25 %

Prozentwert berechnen

14 Berechne jeweils den Prozentwert im Kopf und fülle die Tabelle aus.

G	450	87	2700	200
p%	20%	10%	$33\frac{1}{3}$%	60%
W				

$W = G \cdot p\% = G \cdot \frac{p}{100}$

Am geschicktesten verwandelst du dafür die Prozentsätze in Brüche.

Rechne so:

$20\% = \frac{1}{5}$;

$450 \cdot \frac{1}{5} = 450 : 5$

Lösungen

14 90; 8, 7; 900; 120

Prozentwert berechnen

15 Berechne den Prozentwert so weit wie möglich im Kopf.

a) 10 % von 57	b) 20 % von 120
c) 12,5 % von 0,72	d) $33\frac{1}{3}$ % von 210
e) 25 % von 0,4	f) 15 % von 400
g) 150 % von 6	h) 175 % von 8

Verwandle wieder die Prozentsätze in Brüche.

Lösungen

15 a) 5,7

b) $\frac{120}{5} = 24$

c) $\frac{0{,}72}{8} = 0{,}09$

d) $\frac{210}{3} = 70$

e) $\frac{0{,}4}{4} = 0{,}1$

f) $\frac{400 \cdot 3}{20} = 60$

g) $6 \cdot \frac{3}{2} = 9$

h) $\frac{7}{4} \cdot 8 = 14$

Prozentwert berechnen

16 Berechne. Runde gegebenenfalls sinnvoll.

a) 93 % von 1 h

b) 1,5 ‰ von 6 l

c) $5\frac{1}{2}$ % von 2114 €

d) 27 % von 72 €

e) 0,7 ‰ von 8 l

f) $10\frac{3}{4}$ % von 75 kg

g) 100 ‰ von 3740 l

h) 240 % von 0,250 kg

i) 15 ‰ von 1 h

Hier musst du besonders auf die Einheiten achten:
1 h = 60 min = 3600 s
1 l = 1000 ml
1 € = 100 ct
1 kg = 1000 g

Es ist

$1‰ = \frac{1}{1000}$ und

$p‰ = \frac{p}{1000}$.

Rechne bei Promille mit der Formel

$W = G \cdot \frac{p}{1000}$.

Lösungen

16 a) 3348 s = 55 min 48 s

b) 0,009 l = 9 ml

c) 116,27 €

d) 19,44 €

e) 0,0056 l = 5,6 ml

f) 8,0625 kg ≈ 8 kg

g) 374 l

h) 0,6 kg = 600 g

i) 54 s

Grundwert berechnen

17 Berechne den Grundwert so weit du kannst im Kopf.

a) $W = 17{,}4$; $p = 10\,\%$

b) $W = 1500$; $p = 20\,\%$

c) $W = 15$; $p = 33\frac{1}{3}\,\%$

d) $W = 350$; $p = 12{,}5\,\%$

e) $W = 63$; $p = 75\,\%$

f) $W = 25$; $p = 125\,\%$

g) $W = 72$; $p = 50\,\%$

h) $W = 2{,}4$; $p = 1\,\%$

Geschickt geht es so:
Es gilt:
$G = \frac{W}{p} \cdot 100 = W \cdot \frac{100}{p}$.
Verwandelst du die Prozentsätze wieder in Brüche, so rechnest du so:
$G = W \cdot$ Kehrbruch.

a) $p = \frac{1}{10} \rightarrow$
Kehrbruch 10; also
$G = 17{,}4 \cdot 10 = 174$

Lösungen

17 a) $p = \frac{1}{10}$; $G = 17{,}4 \cdot 10 = 174$

b) $p = \frac{1}{5}$; $G = 1500 \cdot 5 = 7500$

c) $p = \frac{1}{3}$; $G = 15 \cdot 3 = 45$

d) $p = \frac{1}{8}$; $G = 350 \cdot 8 = 2800$

e) $p = \frac{3}{4}$; $G = 63 \cdot \frac{4}{3} = 21 \cdot 4 = 84$

f) $p = \frac{125}{100} = \frac{5}{4}$; $G = 25 \cdot \frac{4}{5} = 5 \cdot 4 = 20$

g) $p = \frac{1}{2}$; $G = 72 \cdot 2 = 144$

h) $p = \frac{1}{100}$; $G = 2{,}4 \cdot 100 = 240$

Grundwert berechnen

18 Berechne den Grundwert.

a) $W = 95{,}09$; $p = 37\,\%$

b) $W = 43{,}5$; $p = 17{,}4\,\%$

c) $W = 589{,}4$; $p = 42{,}1\,\%$

d) $W = 108{,}6$; $p = 54{,}3\,\%$

e) $W = 2247{,}5$; $p = 72{,}5\,\%$

f) $W = 105{,}7$; $p = 21{,}14\,\%$

g) $W = 242{,}2$; $p = 34{,}6\,\%$

h) $W = 0{,}06$; $p = 0{,}3\,\%$

Rechne mit der Formel

$G = \frac{W}{p} \cdot 100$.

Mit dem Taschenrechner berechnest du G so:

W [÷] p [%] [=]

Lösungen

18 a) $G = \frac{95{,}09}{37} \cdot 100 = \frac{9509}{37} = 257$

b) $G = \frac{43{,}5}{17{,}4} \cdot 100 = \frac{435}{174} \cdot 100 = \frac{43\,500}{174} = 250$

c) $G = \frac{589{,}4}{42{,}1} \cdot 100 = \frac{5894}{421} \cdot 100 = 1400$

d) $G = \frac{108{,}6}{54{,}3} \cdot 100 = \frac{1086}{543} \cdot 100 = 200$

e) $G = \frac{2247{,}5}{72{,}5} \cdot 100 = \frac{22\,475}{725} \cdot 100 = 3100$

f) $G = \frac{105{,}7}{21{,}14} \cdot 100 = \frac{10\,570}{2114} \cdot 100 = 500$

g) $G = \frac{242{,}2}{34{,}6} \cdot 100 = \frac{2422}{346} \cdot 100 = 700$

h) $G = \frac{0{,}06}{0{,}3} \cdot 100 = \frac{6}{30} \cdot 100 = 20$

Fehlende Größen berechnen

19 Fülle die Tabellen aus.

a)

0,48			0,93			0,55
$\frac{48}{100}$		$\frac{51}{100}$		$\frac{3}{8}$		
48 %	20 %				8,1 %	

b)

	0,003					2,67
		$\frac{2}{1000}$		$\frac{5}{4}$	$\frac{155}{100}$	
0,5 %			110 %			

Lösungen

19 a)

0,48	0,2	0,51	0,93	0,375	0,081	0,55
$\frac{48}{100}$	$\frac{20}{100} = \frac{1}{5}$	$\frac{51}{100}$	$\frac{93}{100}$	$\frac{3}{8}$	$\frac{81}{1000}$	$\frac{55}{100}$
48 %	20 %	51 %	93 %	37,5 %	8,1 %	55 %

b)

0,005	0,003	0,002	1,1	1,25	1,55	2,67
$\frac{5}{1000} = \frac{1}{200}$	$\frac{3}{1000}$	$\frac{2}{1000}$	$\frac{110}{100} = \frac{11}{10}$	$\frac{5}{4}$	$\frac{155}{100}$	$\frac{267}{100}$
0,5 % = 5 ‰	0,3 % = 3 ‰	0,2 % = 2 ‰	110 %	125 %	155 %	267 %

Gleichwertige Größen finden

20

G				
W	6			
p%	12%			

G	45			
W	9			
p%				

G	80			
W				
p%	40%			

a) Berechne jeweils die fehlende Größe.

b) Finde durch Kürzen oder Erweitern jeweils drei gleichwertige Paare G und W und schreibe sie in die leeren Felder der Tabelle.

$G = \frac{W}{p} \cdot 100$

$p\% = \frac{W}{G} \cdot 100$

$W = \frac{p}{100} \cdot G$

Lösungen

20 Die folgenden Lösungen sind nur Beispiele:

1)

G	50	100	25	250
W	6	12	3	30
p %	12 %	12 %	12 %	12 %

2)

G	45	5	15	90
W	9	1	3	18
p %	20 %	20 %	20 %	20 %

3)

G	80	10	100	160
W	32	4	40	64
p %	40 %	40 %	40 %	40 %

Promille

21 Wie viel Promille sind

a) 57,6 von 64 =

b) 10 € von 10 € =

c) 50 ct von 6,25 € =

d) 15 m von 60 km =

e) 16 g von 8 kg =

f) 28,485 von 135 =

g) 51,948 von 52 =

h) 4 g von 5 kg =

i) 0,3 s von 2,5 min =

Rechne teilweise im Kopf, teilweise mithilfe eines Taschenrechners.

Promille heißt Tausendstel:

$1‰ = \frac{1}{1000}$ und

$p‰ = \frac{p}{1000}$.

Es ist

$p‰ = \frac{W}{G} \cdot 1000$.

Und noch ein Tipp: Wandle zuerst in die kleinere Einheit um.

Lösungen

21 a) 900 ‰ b) 1000 ‰ c) 80 ‰

d) 0,25 ‰ e) 2 ‰ f) 211 ‰

g) 999 ‰ h) 0,8 ‰ i) 2 ‰

Prozente und Promille

22 Versuche möglichst viele der Aufgaben im Kopf zu lösen.

a) 10 ‰ von 256 € =

b) $66\frac{2}{3}$ % von 60 kg =

c) $66\frac{2}{3}$ ‰ von 60 kg =

d) 500 ‰ von 506 =

e) 1000 ‰ von 705 € =

f) 125 ‰ von 72 € =

g) 1,5 ‰ von 45 kg =

h) 21 % von 300 m =

Denke daran:

1 ‰ = $\frac{1}{1000}$ und

10 ‰ = $\frac{10}{1000} = \frac{1}{100}$ = 1 %

Verwandle die Prozent- und Promilleangaben in Brüche.

Lösungen

22 a) 2,56 €　b) 40 kg　c) 4 kg

d) 253　e) 705 €　f) 9 €

g) 67,5 g　h) 63 m

Verminderter Grundwert

23 Vermindere

a) 520 € um 10 %; 25 %; 57 %; 93 %.

b) 112 kg um 15 %; 33 %; 68 %; 86 %.

c) 276 ha um 0,5 %; 2 %; 21 %; 75 %.

d) 1641 m um 0,3 ‰; 2,5 %; 41,8 %; 79,4 %.

Runde sinnvoll.

Eine Verminderung von G um p % bedeutet **Multiplikation** von G mit (100 % − p %) bzw. mit $\left(1 - \frac{p}{100}\right)$.

Rechne so:

$W = G \cdot \frac{100 - p}{100}$.

Mit dem Taschenrechner geht das einfacher:

G [−] p [%] [=]

Lösungen

23 a) 468 €; 390 €; 223,60 €; 36,40 €

b) 95,2 kg; 75,040 kg; 35,840 kg; 15,680 kg

c) 274,62 ha; 270,48 ha; 218,04 ha; 69 ha

d) 1640,51 m; 1600 m; 955,06 m; 338,05 m

Erhöhter Grundwert

24 Erhöhe

a) 16 € um 10 %; 25 %; 57 %; 93 %.

b) 169 kg um 15 %; 33 %; 68 %; 86 %.

c) 95 ha um 0,5 %; 2 %; 21 %; 75 %.

d) 7943 m um 0,3 ‰; 2,5 %; 41,8 %; 79,4 %.

Runde sinnvoll.

Eine Vermehrung/Erhöhung von G um p % bedeutet **Multiplikation** von G mit (100 % + p %)

bzw. mit $\left(1 + \frac{p}{100}\right)$.

Rechne so:

$W = G \cdot \frac{100 + p}{100}$.

Mit dem Taschenrechner geht das einfacher:

G [+] p [%] [=]

Lösungen

24 a) 17,60 €; 20 €; 25,12 €; 30,88 €

b) 194,350 kg; 224,770 kg; 283,920 kg; 314,340 kg

c) 95,475 ha; 96,9 ha; 114,95 ha; 166,25 ha

d) ≈ 7945,38 m; ≈ 8141,58 m; ≈ 11 263,17 m; ≈ 14 249,74 m

Formelspielereien*

25 a) Wie ändert sich der Prozentsatz, wenn du den Grundwert verdoppelst, der Prozentwert aber gleich bleibt?

b) Wie ändert sich der Prozentsatz, wenn du den Prozentwert verdoppelst, der Grundwert aber gleich bleibt?

c) Wie musst du den Grundwert verändern, wenn du den Prozentsatz halbierst, der Prozentwert aber gleich bleiben soll?

d) Wie ändert sich der Prozentwert, wenn der Prozentsatz gleich bleibt, der Grundwert aber geviertelt wird?

Überlege mit einem von dir gewählten Beispiel.

Nimm also bei a) beispielsweise für $G = 100$; $W = 50$.

Lösungen

25 G, W und p % sind frei wählbare Beispiele; schau nach, ob das Ergebnis bei dir auch stimmt.

a) G = 100; W = 50; also ist p = 50 %
G = 200; W = 50; also ist p = 25 %
Der Prozentsatz wird somit halbiert.

b) G = 100; W = 10; also ist p = 10 %
G = 100; W = 20; also ist p = 20 %
Der Prozentsatz wird somit verdoppelt.

c) W = 50; p = 50 %; also ist G = 100
W = 50; p = 25 %; also ist G = 200
Der Grundwert muss somit verdoppelt werden.

d) G = 100; p = 50 %; also ist W = 50
G = 25; p = 50 %; also ist W = 12,5
Der Prozentwert wird auch geviertelt.

Anteile von Prozenten*

26 Berechne.

a) 20 % von 65 % =

b) 5 % von 20 % =

c) 80 % von 120 % von 100 =

d) $16\frac{2}{3}$ % von 75 % von 96 =

e) $\frac{1}{3}$ von 60 % von 135 =

f) 5 % von 140 % von 105 =

Wandle die Prozentangaben in Brüche um; rechne bei a) so:

$\frac{1}{5} \cdot \frac{65}{100} = \frac{13}{100} = 13\,\%$.

Da hier „von“ immer Multiplizieren bedeutet, darfst du die Faktoren auch vertauschen (Kommutativgesetz).

Lösungen

26 a) 13 %　b) 1 %　c) 96

d) 12　e) 27　f) 7,35

Diagramme

27 Wie viel Prozent sind in den Figuren jeweils gefärbt?

a) 

b) 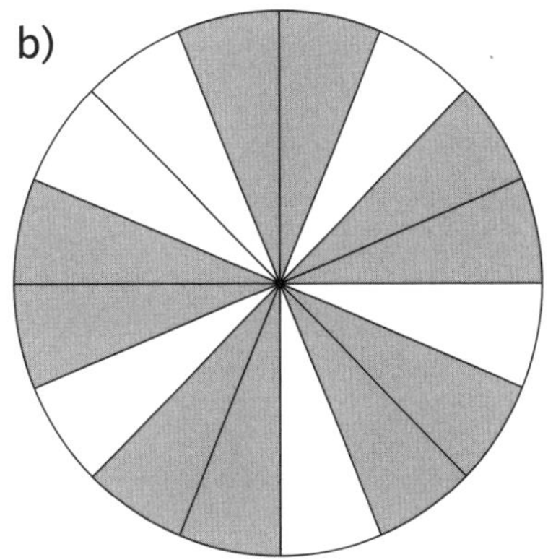

c) 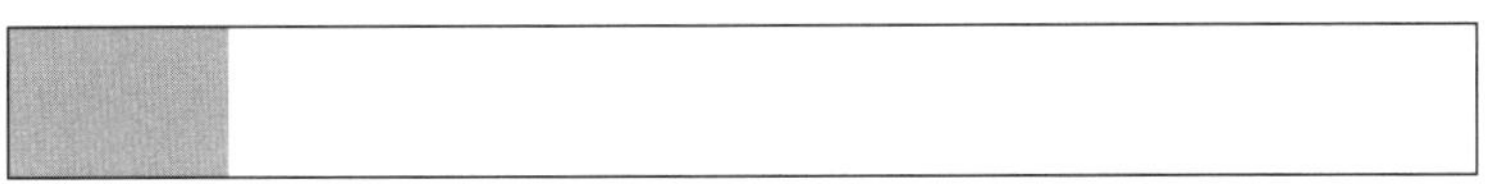

Zähle die gefärbten Felder, sie sind der Prozentwert W; zähle alle Felder, sie sind der Grundwert G. Arbeite dann weiter mit der Formel

$p\,\% = \frac{W}{G} \cdot 100.$

c) Miss die Länge des gefärbten Teils und des gesamten Balkens. Rechne dann weiter wie in a) oder b).

Lösungen

27 a) 20 %

b) 62,5 %

c) 15 %

Prozentsätze von gefärbten Figuren

28 Wie groß ist der Anteil der gefärbten Fläche in Prozent?

a)

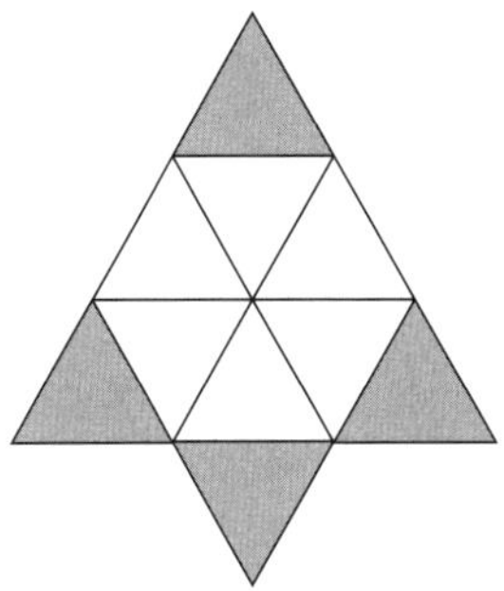

b)

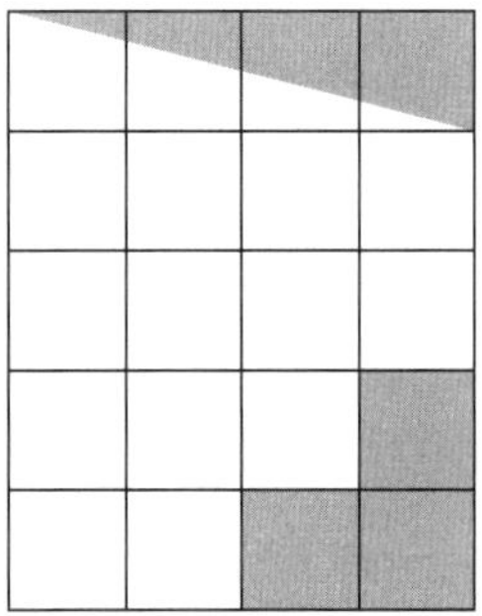

c)

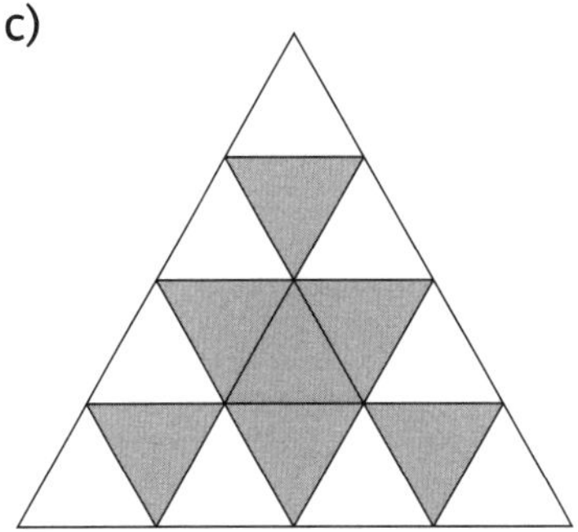

d)

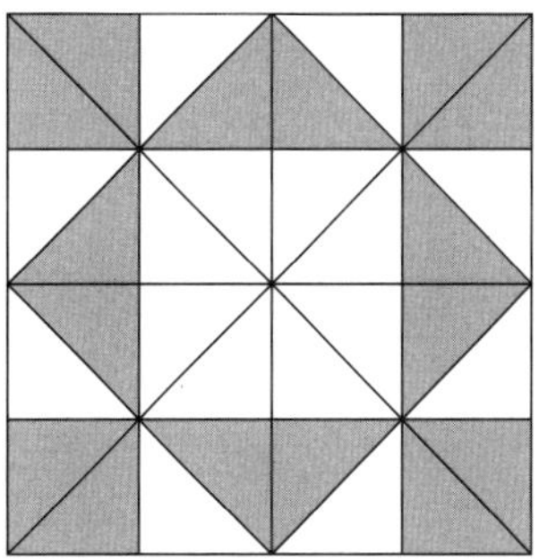

Lösungen

28 a) 40 %

b) 25 %

c) 43,75 %

d) 50 %

Prozentsätze schätzen

29 Schätze zuerst, wie viel Prozent jeweils gefärbt sind und überprüfe die Anteile anschließend durch Abzählen.

a) 

geschätzt: ________ %
abgezählt: ________ %

b) 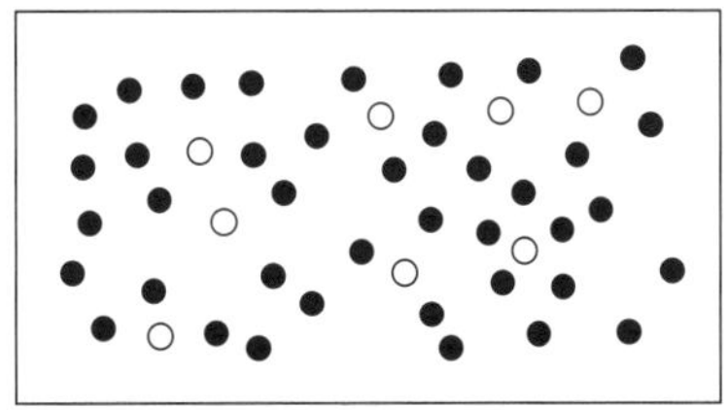

geschätzt: ________ %
abgezählt: ________ %

c) 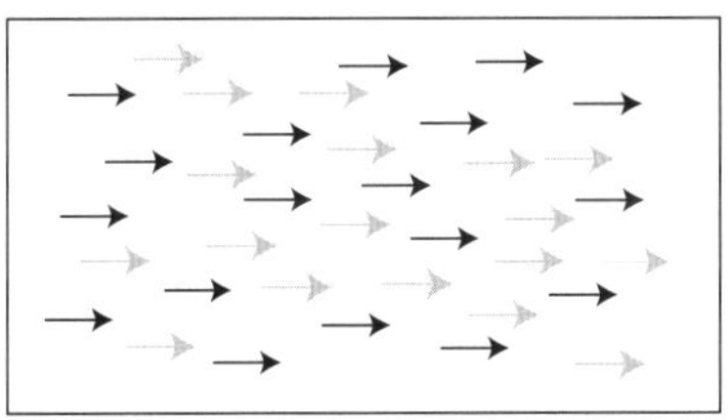

geschätzt: ________ %
abgezählt: ________ %

d) 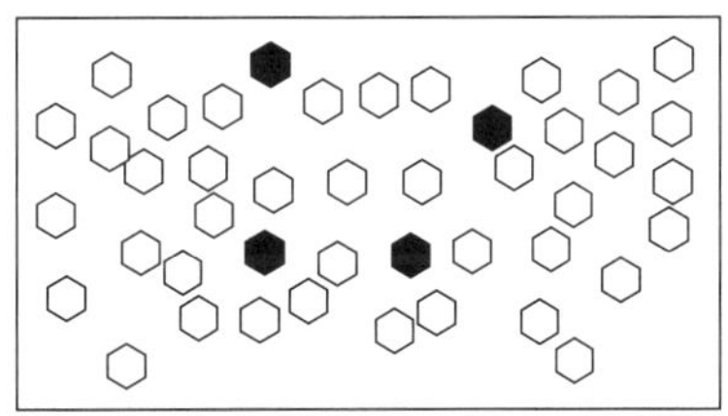

geschätzt: ________ %
abgezählt: ________ %

Lösungen

29 a) 30 %

b) 80 %

c) 50 %

d) 10 %

Prozentsätze färben

30 Färbe jeweils 25 % blau, 20 % gelb, 12,5 % grün und 10 % rot.
Wie viel Prozent sind dann nicht gefärbt?

a)

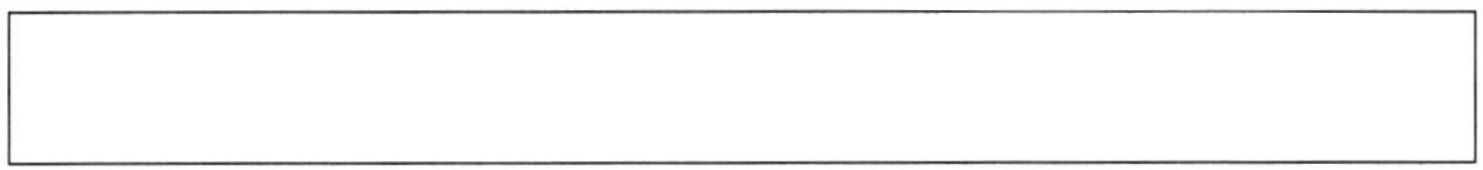

b)

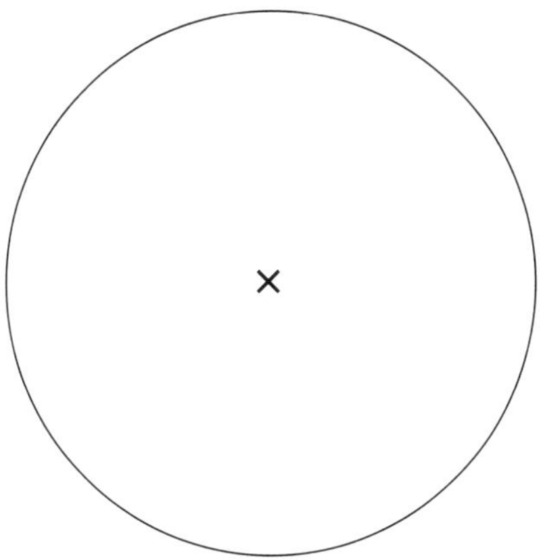

Wandle die Prozentsätze in Brüche um; unterteile die Flächen in so viele gleich große Teile wie im Nenner steht.

Lösungen

30 Für beide Zeichnungen gilt: Es bleiben
100 % − 25 % − 20 % − 12,5 % − 10 % = 32,5 % übrig.

a)
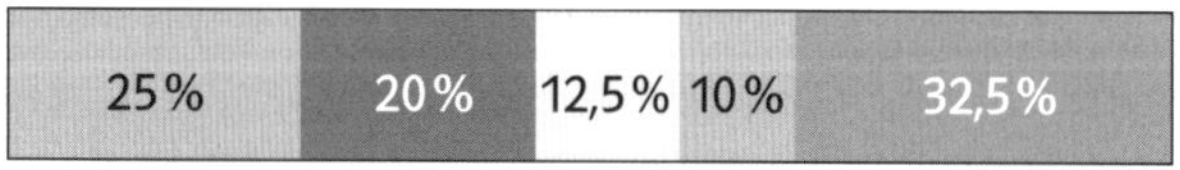

b)
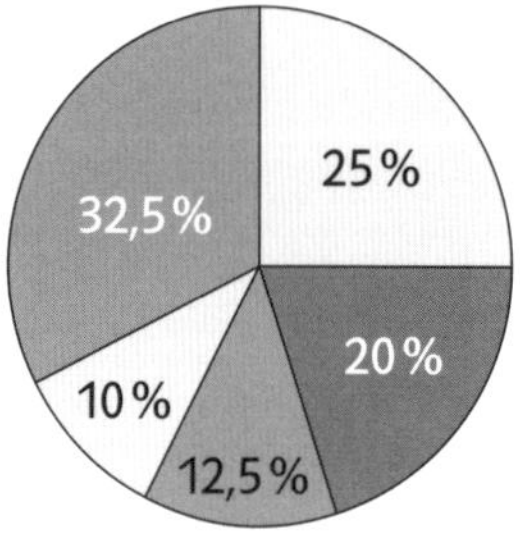

Streckenverhältnisse

31 Gib die Verhältnisse der Strecken zueinander in Prozent an.

a) 

$\overline{AB}$ = ____________ % von $\overline{AC}$; $\overline{BC}$ = ____________ % von $\overline{AB}$

b) 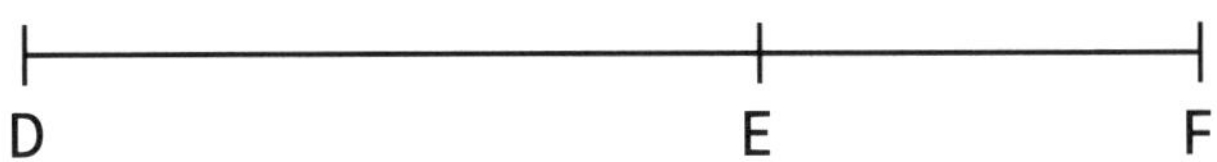

$\overline{DE}$ = ____________ % von $\overline{DF}$; $\overline{EF}$ = ____________ % von $\overline{DF}$

c) 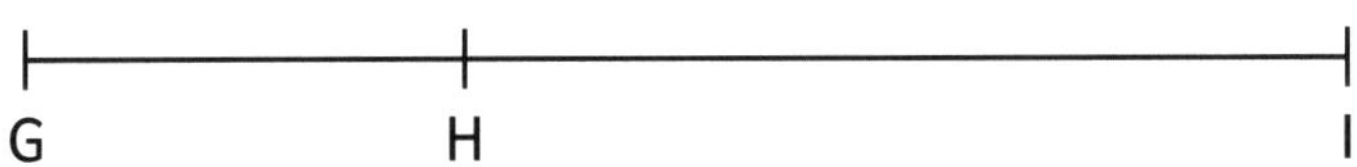

$\overline{GH}$ = ____________ % von $\overline{GI}$; $\overline{GI}$ = ____________ % von $\overline{HI}$

Lösungen

31 a) $\overline{AB} = 20\,\%$ von $\overline{AC}$; $\overline{BC} = 400\,\%$ von $\overline{AB}$

b) $\overline{DE} = 62{,}5\,\%$ von $\overline{DE}$; $\overline{EF} = 37{,}5\,\%$ von $\overline{DF}$

c) $\overline{GH} = 33\tfrac{1}{3}\,\%$ von $\overline{GI}$; $\overline{GI} = 150\,\%$ von $\overline{HI}$

Streckenverhältnisse

32 Zeichne jeweils den fehlenden Punkt ein.

a) 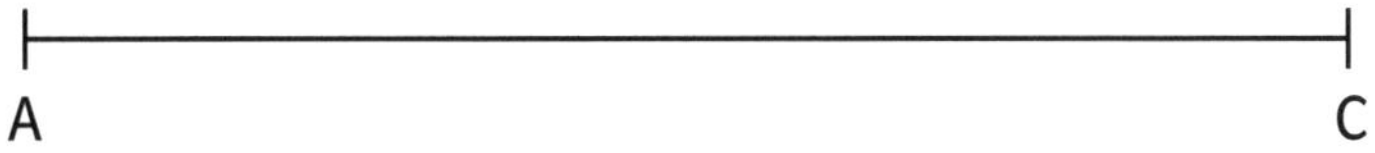

$\overline{AB}$ = 40 % von $\overline{AC}$ = __________ cm

b) 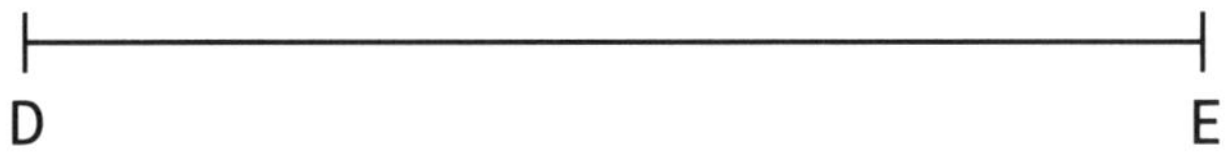

$\overline{DF}$ = 120 % von $\overline{DE}$ = __________ cm

c) 

$\overline{GH}$ = 31,25 % von $\overline{GI}$ = __________ cm

Lösungen

32 a) $\overline{AB} = 3{,}6\,\text{cm}$

b) $\overline{DF} = 9{,}6\,\text{cm}$

c) $\overline{GH} = 2{,}5\,\text{cm}$

Kreisdiagramme

33 Um Prozente in einem Kreisdiagramm darstellen zu können, musst du das zugehörige Winkelmaß kennen.
Fülle als Hilfe diese Tabelle aus.

Prozentangabe	1%	2%	3%	5%	10%
Winkelmaß α					

Prozentangabe	12,5%	15%	20%	25%	$33\frac{1}{3}$%
Winkelmaß α					

Bei einem Kreisdiagramm gilt:

$G = 360°$; $W = \alpha$ und

$\alpha = \frac{p}{100} \cdot 360°$.

Lösungen

33

Prozentangabe	1 %	2 %	3 %	5 %	10 %
Winkelmaß	3,6°	7,2°	10,8°	18°	36°

Prozentangabe	12,5 %	15 %	20 %	25 %	$33\frac{1}{3}$ %
Winkelmaß	45°	54°	72°	90°	120°

Kreisdiagramme

34 Schreibe in die einzelnen Kreisausschnitte, wie viel Prozent sie jeweils von der Kreisfläche einnehmen.

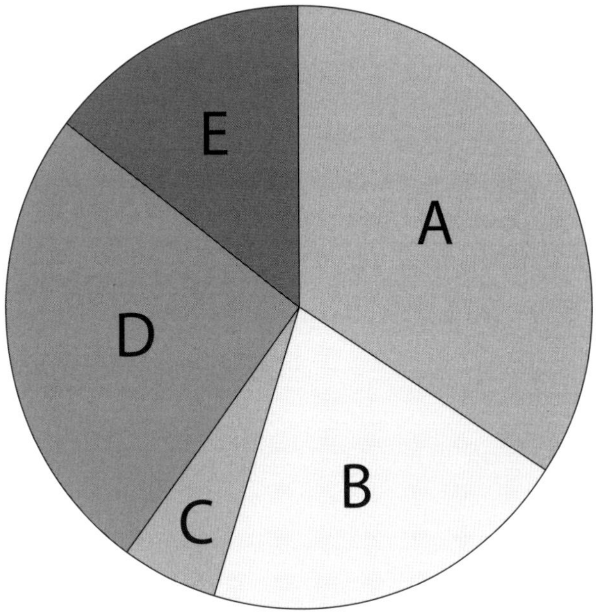

Miss α und rechne mit

$p\% = \frac{\alpha}{360°} \cdot 100.$

Lösungen

34

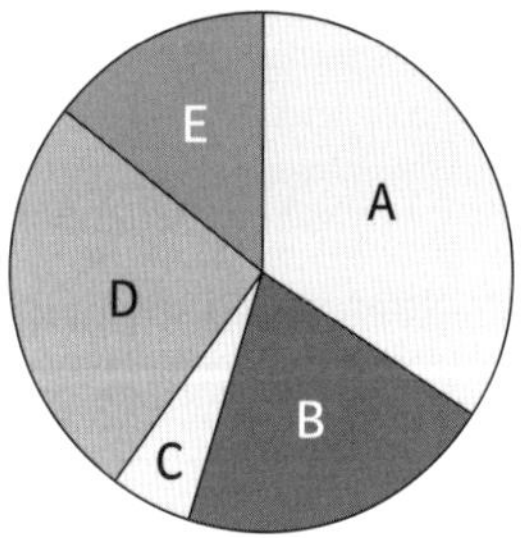

A:	34,44 %
B:	14,44 %
C:	25,56 %
D:	5,28 %
E:	20,28 %
	100,00 %

Erdöl

35 Das Kreisdiagramm stellt die Zusammensetzung von durchschnittlichem Erdöl dar.

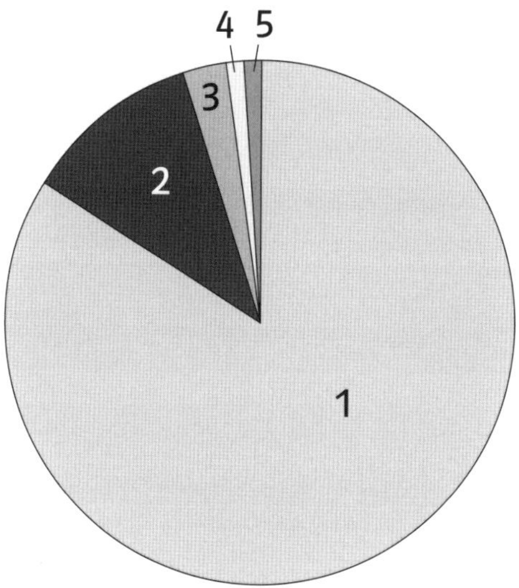

1 Kohlenstoff: ________ %

2 Wasserstoff: ________ %

3 Sauerstoff: ________ %

4 Schwefel: ________ %

5 Stickstoff: ________ %

Miss die Winkelweiten und bestimme die Anteile der jeweiligen Bestandteile in Prozent.

Mit $p\,\% = \frac{W}{G} \cdot 100$ gilt:

$p\,\% = \frac{\alpha}{360°} \cdot 100.$

Lösungen

35 Hier sind die genauen Anteile aufgelistet.
Es genügt, wenn du ungefähr die gleichen Werte herausbekommen hast.
Kohlenstoff: 86 %; Wasserstoff: 9 %; Sauerstoff: 3 %; Schwefel: 1 %; Stickstoff: 1 %

Erdöl

36 2001 wurden in der Bundesrepublik Deutschland 123 · 106 Tonnen Mineralöl verbraucht. Den größten Anteil hatte Heizöl mit 26 %, gefolgt von Diesel mit 24 %, Ottokraftstoff mit 23 % und schwerem Heizöl mit 5 %. Der Rest fällt unter Sonstiges.

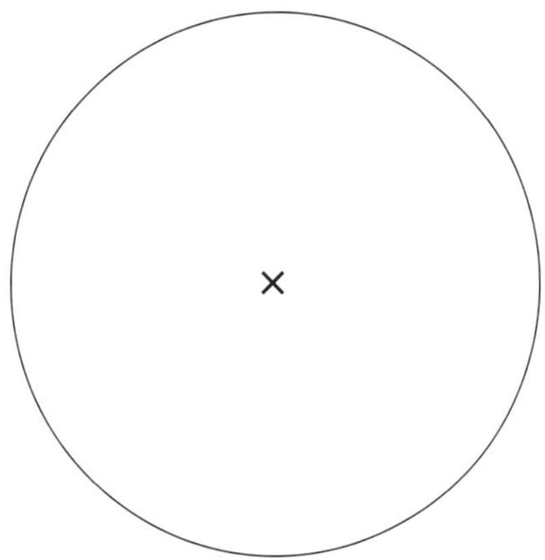

a) Zeichne ein Kreisdiagramm zum Mineralölverbrauch.

b) Berechne, wie viel Tonnen von den einzelnen Bestandteilen verbraucht wurden.

$10^6 = 1\,000\,000$

10^n = 1 mit n Nullen

b) Hier ist jeweils W gesucht.
Rechne also mit

$W = \frac{G}{p} \cdot 100.$

Lösungen

36 a)

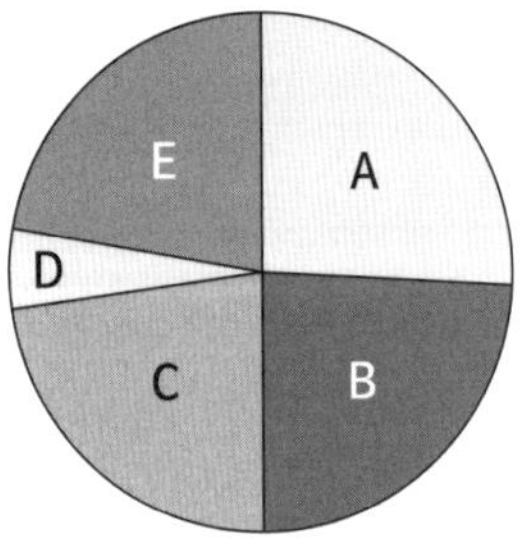

A Heizöl
B Diesel
C Ottokraftstoff
D schweres Heizöl
E Sonstiges

b)

Heizöl:	$3198 \cdot 10^4\,t = 31\,980\,000\,t$
Diesel:	$2952 \cdot 10^4\,t = 29\,520\,000\,t$
Ottokraftstoff:	$2829 \cdot 10^4\,t = 28\,290\,000\,t$
Schweres Heizöl:	$615 \cdot 10^4\,t = 6\,150\,000\,t$
Sonstiges:	$2706 \cdot 10^4\,t = 27\,060\,000\,t$

Weltbevölkerung

37 Im Jahr 2003 verteilte sich die Weltbevölkerung etwa wie folgt: Ozeanien 32 Millionen, Lateinamerika/Karibik 540 Millionen, Afrika 861 Millionen, Nordamerika 323 Millionen, Europa 727 Millionen, Asien 3830 Millionen.

a) Insgesamt lebten auf der Welt etwa 6314 Millionen Menschen. Berechne die Anteile der jeweiligen Gebiete in Prozent.

b) Runde die Prozentsätze sinnvoll und erstelle ein Kreisdiagramm. Hier ist dafür Platz:

a) Hier ist p % gesucht. Rechne mit

$p\,\% = \frac{W}{G} \cdot 100.$

b) Hier musst du den Kreiswinkel α berechnen. Mit $W = \alpha$ und $G = 360°$ gilt:

$\alpha = \frac{p}{100} \cdot 360°.$

Runde sinnvoll.

Lösungen

37 a) Ozeanien: 0,5 %; Lateinamerika/Karibik: 8,6 %; Afrika: 13,6 %; Nordamerika: 5,1 %; Europa: 11,5 %; Asien: 60,7 %

b)

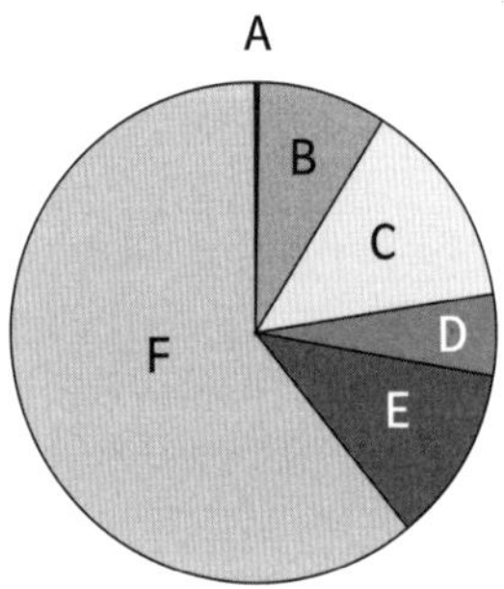

A Ozeanien
B Lat.am./Karibik
C Afrika
D Nordamerika
E Europa
F Asien

Ein Tag vergeht ...

38 Ein Tag hat 24 Stunden. Schreibe dir auf, wie viele Stunden du durchschnittlich für Schule, Schlafen, Essen und Freizeit verbrauchst.
Berechne die Anteile in Prozent und zeichne jeweils ein Balkendiagramm und ein Kreisdiagramm.

Sierpinski-Dreieck

39 a)

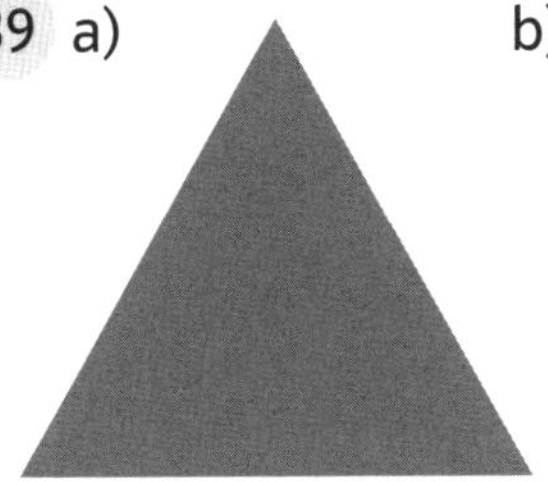

b)

c)

d)

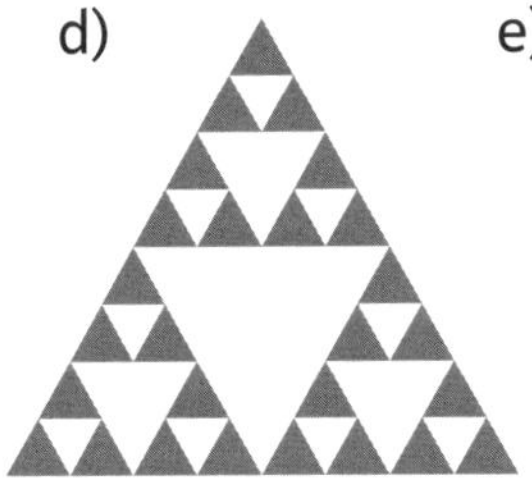

e)

f)

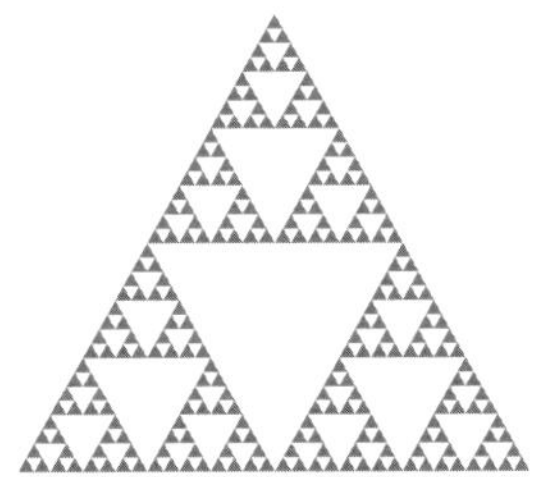

Wie viel Prozent der Fläche sind schwarz?

Von einem gleichseitigen Dreieck verbindet man jeweils die Seitenmitten und entfernt das in der Mitte liegende Dreieck. Diese Schritte werden auch bei den verbleibenden Dreiecken angewandt. Das **Sierpinski-Dreieck** ist die Menge aller Punkte, die übrigt bleibt, wenn man dieses Verfahren unendlich oft fortsetzt. Nach seinem Entdecker Sierpinski (1882–1969) ist sogar ein Mondkrater benannt. Mehr dazu findest du im Internet unter dem Suchbegriff „Sierpinski-Dreieck“.

Lösungen

39 a) 100 %

b) $\frac{3}{4} = 75\,\%$

c) $\frac{9}{16} = 56{,}25\,\%$

d) $\frac{27}{64} \approx 42{,}19\,\%$

e) $\frac{81}{256} \approx 31{,}64\,\%$

f) $\frac{243}{1024} \approx 23{,}73\,\%$

Sierpinski-Teppich

40 a)

b)

c)

d)

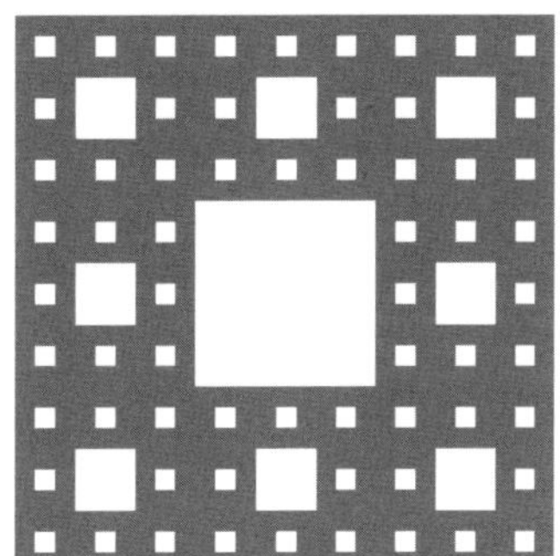

Wie viel Prozent der Fläche bleiben jeweils übrig?

Im ersten Schritt wird das Quadrat in 9 gleich große Quadrate aufgeteilt, von denen das mittlere entfernt wird. Dieser Vorgang wird wiederholt auf die übrigen Quadrate angewandt.

Der **Sierpinski-Teppich** ist die Menge aller Punkte, die übrig bleibt, wenn man dieses Verfahren unendlich oft fortsetzt.

Mehr dazu findest du im Internet unter dem Suchbegriff „Sierpinski-Teppich“.

Lösungen

40 a) 100 %

b) $\frac{8}{9} \approx 88{,}89\,\%$

c) $\frac{64}{81} \approx 79{,}01\,\%$

d) $\frac{512}{729} \approx 70{,}23\,\%$

Prozentrechnung in der Praxis

41 Die Luft, die du einatmest, ist ein Gemisch aus verschiedenen Gasen. Deren Anteile sind unterschiedlich groß. Vergleiche, indem du die Anteile in Prozent umrechnest.

Gas	Anteil	Anteil in Prozent
Edelgase (u.a. Helium, damit kann man fliegende Ballons füllen)	$\frac{1}{100}$	
Kohlendioxid	$\frac{3}{1000}$	
Sauerstoff	$\frac{21}{100}$	
Stickstoff	$\frac{39}{50}$	

Lösungen

41 Edelgase: 1%; Kohlendioxid: 0,3%; Sauerstoff: 21%; Stickstoff: 78%

Ei, ei, ei

42 Ein Strauß wiegt ungefähr 150 kg. Er legt die größten Eier mit einem Gewicht von bis zu 1,8 kg pro Ei.
Der Kiwi mit einem Körpergewicht von 1,7 kg legt das schwerste Ei im Verhältnis zum Körper. Es wiegt ca. 25 % des Körpergewichts des Kiwis.

a) Berechne, wie schwer das Straußenei im Verhältnis zum Körper ist.

b) Wie schwer ist durchschnittlich ein Kiwi-Ei?

a) Hier ist p % gesucht:

$p\,\% = \frac{W}{G} \cdot 100$

b) Hier ist W gesucht:

$W = G \cdot \frac{p}{100}$

Lösungen

42 a) 1,2 %

b) 425 g

Tierisch

43 In der Tabelle findest du das Geburtsgewicht von Tierbabys und das Gewicht der Tiermütter aufgelistet.

	Tierbaby	Tiermutter	Anteil in %
Elefant	100 kg	5 t	
Giraffe	ca. 50 kg	650 kg	
Panzernashorn	ca. 60 kg	1600 kg	
Zwergmeerschweinchen	30 g	250 g	
Schneeziege	3,5 kg	120 kg	

a) Welches Tier bringt im Verhältnis zum eigenen Körpergewicht die schwersten Jungen zur Welt? Berechne dazu das Verhältnis des Gewichts von den Tierbabys zu dem der Tiermutter und schreibe es in die letzte Spalte.

b) Berechne, wie viel Prozent seines Geburtsgewichts das Tierbaby zunehmen muss, bis es das Gewicht seiner Mutter erreicht.

Lösungen

43 a)

Tier	Baby	Mama	Anteil in %
Elefant	100 kg	5 t	**2 %**
Giraffe	ca. 50 kg	650 kg	**7,7 %**
Panzernashorn	ca. 60 kg	1600 kg	**3,8 %**
Zwergmeerschweinchen	30 g	250 g	**12 %**
Schneeziege	3,5 kg	120 kg	**2,9 %**

b) Elefant: 5000 %; Giraffe: 1300 %; Panzernashorn: ≈ 2667 %; Zwergmeerschweinchen: ≈ 833 %; Schneeziege: ≈ 3429 %

Tierisch

44 a) Die größte Antilopenart ist die Elenantilope mit einer Körperlänge von etwa 3 m. Gib die Länge auf 15 % genau an.

b) Die kleinste Antilopenart ist – wie der Name schon sagt – das Kleinstböckchen mit einer Körperhöhe von etwa 25 cm. Gib seine Höhe auf 20 % genau an.

c) In Australien gibt es die größten Schafherden. Es gibt dort etwa 140 Millionen Schafe. Gib die Anzahl der Schafe auf 25 % genau an.

d) Die geschorene Wolle eines Schafes wiegt etwa 27 kg. Gib das Gewicht auf 10 % genau an.

Hier sind jeweils 2 Größen gesucht, nämlich der verminderte und der erhöhte Grundwert.

Rechne
$G \cdot (100\,\% - p\,\%)$ und
$G \cdot (100\,\% + p\,\%)$.

Lösungen

44 a) Die Elenantilope ist zwischen 2,55 m und 3,45 m lang.

b) Das Kleinstböckchen ist zwischen 20 cm und 30 cm hoch.

c) Es gibt in Australien etwa zwischen 105 Mio. und 175 Mio. Schafe.

d) Die Wolle wiegt zwischen 24,3 kg und 29,7 kg.

Ganz schön haarig*

45 Nicht alle Menschen haben gleich viele Haare. Blonde Menschen haben etwa 150 000 Haare auf dem Kopf, braunhaarige $16\frac{2}{3}\%$ weniger. Hast du schwarze Haare, dann hast du $33\frac{1}{3}\%$ weniger Haare als blonde Menschen. Bist du rothaarig, hast du am wenigsten Haare, nämlich 90 % von denjenigen mit schwarzen Haaren.

Berechne, wie viele Haare braunhaarige, schwarzhaarige und rothaarige Menschen ungefähr auf dem Kopf haben.

Für braun- und schwarzhaarig rechne $150\,000 - 150\,000 \cdot p\,\%$.

rothaarig:

$\left(150\,000 - \frac{150\,000}{100} \cdot 33\frac{1}{3}\right) \cdot \frac{90}{100}$

Lösungen Seite 97

45 braun: 110 000; schwarz: 100 000; rot: 90 000

Ganz schön haarig

46 Ein Kopfhaar wächst in einem Monat ungefähr einen Zentimeter, aber nach etwa 4 Jahren fällt es auch wieder aus. Ein Jugendlicher verliert etwa 40 Haare am Tag, ein Erwachsener sogar 100.
Berechne, wie viel Prozent seiner Haare ein Jugendlicher pro Tag etwa verliert.
Benutze dazu die Anzahl der Haare aus der vorhergehenden Aufgabe.

Hier ist jeweils der Prozentsatz gesucht.

$p\% = \frac{W}{G} \cdot 100$

Lösungen

46 blond: ≈ 0,7‰; braun: ≈ 0,9‰; schwarz: 1‰; rot: ≈ 1,1‰

Der menschliche Körper

47 Der menschliche Körper besteht zu 46–75 % aus Wasser, wobei bei Kindern der Wasseranteil mit 75 % am höchsten und bei Frauen mit 46 % am niedrigsten ist. Der Körper eines Jugendlichen besteht zu etwa 60 % aus Wasser.

Wie viel Liter sind das bei

a) einem 15 kg schweren Kind?

b) Frau Muster (68 kg)?

c) Daniel (36 kg)?

d) dir selbst?

e) Ein Erwachsener sollte täglich etwas mehr als 3 % seines Körpergewichtes trinken, ein Kind sogar 10 %.
Wie viel Liter sollten Frau Muster und das Kind täglich trinken?

In dieser Aufgabe ist immer der Prozentwert gesucht.
Rechne so:
$W = G \cdot \frac{p}{100}$.

Lösungen

47 a) 15 kg · 75 % = 11,250 kg ≈ 11,25 l

b) 68 kg · 46 % = 31,280 kg ≈ 31,28 l

c) 36 kg · 60 % = 21,600 kg ≈ 21,6 l

d) Frau: ≈ 2 l; Kind ≈ 1,5 l

Der menschliche Körper

48 Der menschliche Körper besteht etwa zu 8 % aus Blut, zu 40 % aus Muskeln, und nur 12–20 % des Körpergewichts entfallen auf die ca. 200 Knochen.
Berechne die einzelnen Gewichtsanteile für einen durchschnittlichen Erwachsenen von 75 kg.

Blut:

Muskeln:

Knochen:

Hier ist W gesucht.
Rechne mit
$W = G \cdot \frac{p}{100}$.

Lösungen

48 Blut: 75 kg · 8 % = 6 kg

Muskeln: 75 kg · 40 % = 30 kg

Knochen: 75 kg · 12 % = 9 kg

Blutgruppen

49 Jeder Mensch wird, durch seine Erbanlagen bedingt, in eine von vier Blutgruppen eingeteilt. In Europa sind die Blutgruppen in der Bevölkerung folgendermaßen verteilt:

Blutgruppe A: 43 %
Blutgruppe B: 13 %
Blutgruppe 0: 39 %
Blutgruppe AB: 5 %

a) In der Europäischen Union lebten 2003 etwa 380 Millionen Menschen. Berechne, wie viele Menschen zu den jeweiligen Blutgruppen gehörten.

*b) In Deutschland gehörten zur Blutgruppe B insgesamt 4,125 Millionen Menschen. Wie viele hatten demzufolge Blutgruppe A, 0 oder AB?

a) Hier ist der Prozentwert W gesucht. Rechne mit

$$W = G \cdot \frac{p}{100}.$$

b) Hier steckt viel Rechenarbeit dahinter; du kannst also den Taschenrechner benutzen.

Lösungen

49 a) A: 163,4 Mio.; B: 49,4 Mio.; 0: 148,2 Mio.; AB: 19 Mio.

b) A: 1773750; B: 536250; 0: 1608750; AB: 206250

Unser Körper – das Blut

50 Der Blutanteil macht ungefähr 8 % des Körpergewichts aus.

a) Wie viel Liter Blut hat ein durchschnittlicher Erwachsener mit einem Körpergewicht von 75 kg?

b) Bei einer Blutspende wird ein halber Liter Blut gespendet. Welchem Anteil am Gesamtblut entspricht diese Menge?

c) Ein Mensch gilt schon bei 0,3 ‰ als fahruntüchtig. Welcher Menge an Blutalkohol entspricht dies bei einem durchschnittlichen Erwachsenen?

$1\,\text{kg} \approx 1\,l$

$W = G \cdot \frac{p}{100}$

$p\,\% = \frac{W}{G} \cdot 100$

$W = G \cdot \frac{p}{1000}$

Lösungen

50 a) $75\,kg \cdot 8\,\% = 6\,kg = 6\,l$

b) $\frac{0{,}5}{6} \cdot 100 = \frac{50}{6}\,\% = 8\frac{1}{3}\,\%$

c) $6 \cdot 0{,}3\,‰ = 6\,l \cdot 0{,}0003 = 1{,}8\,ml$

Das Gehirn

51 Unser Gehirn wiegt etwa 1,3 kg. Sein größter Teil ist das Großhirn (Cerebrum); es macht etwa 85 % der Gehirnmasse aus.

a) Wie viel wiegt das Großhirn?

b) Welchem prozentualen Anteil entspricht die Gehirnmasse eines durchschnittlichen Erwachsenen mit einem Körpergewicht von 75 kg?

c) Welchen prozentualen Anteil am Körpergewicht hat das Großhirn?

a) $W = G \cdot \frac{p}{100}$

b) $p\,\% = \frac{W}{G} \cdot 100$

c) $p\,\% = \frac{W}{G} \cdot 100$

Lösungen

51 a) $1{,}3\,\text{kg} \cdot 85\,\% = 1{,}105\,\text{kg}$

b) $\approx 1{,}7\,\%$

c) $\frac{1{,}7}{100} \cdot 85\,\% \approx 1{,}45\,\%$

Zur Wahl

52 In einer Großstadt werden 40 Abgeordnete gewählt. Die Zahl der Abgeordneten, die jede Partei erhält, entspricht dem Anteil der von ihr gewonnenen Stimmen an der Gesamtzahl der abgegebenen Stimmen.
Es wurden 128 560 gültige Stimmen gezählt. Das Ergebnis sieht folgendermaßen aus:

Partei	A	B	C	D	E
Stimmen	50 909		36 126	23 912	
Anteil in %		11,6 %			2,1 %
Abgeordnete					

Vervollständige die Tabelle.

Lösungen

52

Partei	A	B	C	D	E
Stimmen	50 909	14 913	36 126	23 912	2700
Anteil in %	39,6 %	11,6 %	28,1 %	18,6 %	2,1 %
Abgeordnete	16	5	11	7	1

Zur Wahl

53 Man überlegt nun, in Großstadt wie bei der Wahl zum Bundestag eine 5%-Hürde einzuführen. Dabei werden zur Sitzverteilung nur noch diejenigen Parteien berücksichtigt, deren Stimmenanteil die 5%-Hürde übersteigt. Partei E wird also bei der Verteilung der Abgeordneten nicht mehr berücksichtigt.

Partei	A	B	C	D
Stimmen	50909	14913	36126	23912
Anteil in %				
Abgeordnete				

a) Vervollständige das Wahlergebnis in der Tabelle.

b) Beurteile die beiden Verfahren. Welche Vorteile, welche Nachteile bieten sie?

a) Es gibt einen neuen Grundwert G. Zähle dafür die Stimmen der Parteien A, B, C und D zusammen.

Lösungen

53 Es zählen 125 860 Stimmen.

Partei	A	B	C	D
Stimmen	50 909	14 913	36 126	23 912
Anteil in %	40,4 %	11,8 %	28,7 %	19 %
Abgeordnete	16	5	11	8

Zur Wahl

54 Bei einer Wahl erhält die siegreiche Partei 34 % der Stimmen. In der Zeitung ist zu lesen, dass die Partei im Vergleich zur letzten Wahl 3 Prozentpunkte an Stimmen verloren hat.

a) Berechne, wie hoch der Stimmenanteil der Partei bei der letzten Wahl war.

*b) Berechne, wie viel Prozent der Stimmen die Partei verloren hat.

a) Rechne 34 % – 3 %

b) Rechne

$p\,\% = 100 - \frac{31}{34} \cdot 100$

54 a) 37%

b) ≈ 8,1%

Unsere Erde

55 Ungefähr 28 % der Erdoberfläche besteht aus Land. Der größte Erdteil ist Asien mit einer Fläche von etwa 44 Millionen km^2. Dies entspricht dem Anteil von 30,45 % an der festen Oberfläche.

a) Berechne die Oberfläche der Erde. Runde auf eine Stelle nach dem Komma.

b) Wie groß ist die Fläche, die von Wasser bedeckt wird?

c) Welche Fläche bedecken die Landmassen?

d) Der Pazifik, der größte Ozean, nimmt etwa 47 % der Wasserfläche ein. Wie groß ist er?

e) Deutschland hat eine Fläche von etwa 350 000 km^2. Wie groß ist der Anteil Deutschlands an der Erdoberfläche?

Überlege:

a) 28 % von 30,45 % von was sind 44 Mio. km^2, also

$G = 44 \cdot \frac{10}{30{,}45} \cdot \frac{10}{28}$

Lösungen

55 a) $G = 44 \cdot \frac{100}{30{,}45} \cdot \frac{100}{28} \approx 516{,}1$ Mio. km^2

b) $W = 516{,}1 \cdot \frac{72}{100} \approx 371{,}6$ Mio. km^2

c) $G = \frac{44 \text{ Mio.}}{30{,}45} \cdot 100 \approx 144{,}5$ Mio. km^2

d) $W = 371{,}6 \cdot \frac{47}{100} \approx 174{,}7$ Mio. km^2

e) $p\,\% = \frac{0{,}35}{516{,}1} \cdot 100 \approx 0{,}07\,\%$

Auf Deutschlandreise

56 In Deutschland leben ungefähr 82 Millionen Menschen, 80 % davon leben in den Städten. Allein die Hauptstadt Berlin hat rund 3,4 Millionen Einwohner. Hamburg ist mit einem Anteil von etwa 2,1 % die zweitgrößte Stadt. Köln liegt mit rund 1,175 % auf Platz 4 der Großstädte.

a) Berechne, wie viele Menschen in Städten leben.

b) Wie viel Prozent der Bundesbürger leben in Berlin?

c) Berechne, wie viele Einwohner jeweils ungefähr in Köln und Hamburg leben.

Lösungen

56 a) $W = 82 \cdot \frac{80}{100} = 65{,}6$ Millionen Menschen

b) $p\,\% = \frac{3{,}4}{82} \cdot 100 \approx 4{,}15\,\%$ der Bundesbürger leben in Berlin.

c) Hamburg: $W = 82 \cdot \frac{2{,}1}{100} = 1{,}722$ Millionen Einwohner.

d) Köln: $W = 82\,000\,000 \cdot \frac{1{,}175}{100} = 963\,500$ Einwohner.

www

57 Am 31.12.2002 gab es insgesamt 2 594 323 de-Domains. In der Tabelle findest du die Anzahl der de-Domains in einzelnen Städten.

Stadt	Anzahl	Anteil in %
Stuttgart	67 019	
München	221 427	
Berlin	322 623	
Hamburg	226 713	

Berechne den Anteil in Prozent, runde auf eine Stelle nach dem Komma.

Hier ist p % gesucht. Rechne mit

$p\% = \frac{W}{G} \cdot 100.$

Mehr dazu findest du im Internet unter www.denic.de.

Lösungen

57

Stadt	Anzahl	Anteil in %
Stuttgart	67 019	≈ 2,6
München	221 427	≈ 8,5
Berlin	322 623	≈ 12,4
Hamburg	226 713	≈ 8,7

www

58 Im Januar 1994 gab es 125 145 de-Domains, am 31.12.2003 waren es bereits 7 050 853.
Berechne, um wie viel Prozent die Anzahl in diesen 10 Jahren gestiegen ist.

Hier ist wiederum p % gesucht. Rechne mit

$p\,\% = \frac{W}{G} \cdot 100$

Beachte:
G = 125 145;
W = 7 050 853.

Lösungen

58 Um sage und schreibe ≈ 5634 %

Im TV

59 Bei der Quizshow „Wer wird Millionär?“ wurde das Publikum gefragt. Die 200 Zuschauer stimmten folgendermaßen ab:

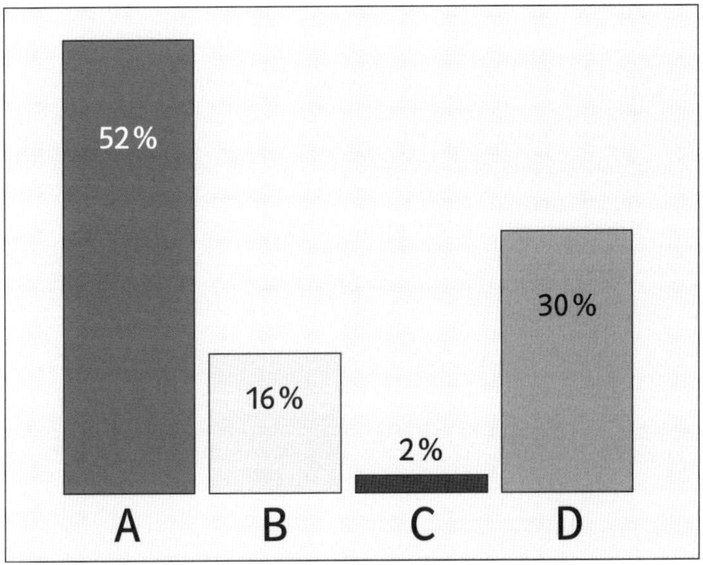

Wie viele Zuschauer entschieden sich jeweils für A, B, C und D?

Hier ist W gesucht:

$W = G \cdot \frac{P}{100}$

Lösungen

59 A: 104; B: 32; C: 4; D: 60

Im TV

60 Bei der Abstimmung zum Superhit 2009 hatten die Zuschauer die Wahl zwischen Hit A und Hit B. 58 % stimmten für Hit A, das waren 96 367 Anrufer.

a) Wie viele Anrufer haben sich an der Abstimmung beteiligt?

b) Berechne, wie viele Anrufer für Hit B gestimmt haben.

c) Zeichne ein Balkendiagramm von der Abstimmung.

d) 1000 durch das Los bestimmte Anrufer erhalten einen Gewinn. Berechne den Anteil der Gewinner in Prozent.

a) Hier ist G gesucht:

$G = \frac{W}{p} \cdot 100$

b) $W = G \cdot \frac{p}{100}$

d) $p\,\% = \frac{W}{G} \cdot 100$

Lösungen

60 a) $96\,367 : 58\,\% = 166\,150$ Anrufer

b) $166\,150 - 96\,367 = 69\,783$

c) 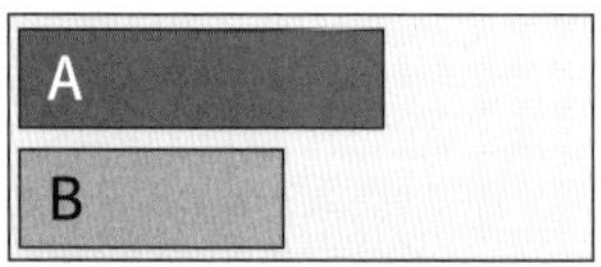

d) $\frac{1000}{166\,150} \approx 0{,}6\,\% = 6\,‰$

Musiktheorie

61 a) Ausgehend von einem Grundton werden die nächsten Töne einer Tonleiter wie folgt festgelegt:

	Grund-ton	große Sekunde	große Terz	reine Quarte	reine Quinte	große Sexte	große Septime	reine Oktave
%	100	112,5	125	$133\frac{1}{3}$	150	$166\frac{2}{3}$	187,5	200
Bruch								

Wandle die Prozentangaben in einen vollständig gekürzten Bruch um.

b) Berechne mit den Werten von a) die Frequenzen einer C-Dur-Tonleiter augehend von c′ mit einer Frequenz von 528 Hz.

Ton	c′	d′	e′	f′	g′	a′	h′	c″
Fre-quenz	528							

Lösungen

61 a)

	Grundton	große Sekunde	große Terz	reine Quarte
%	100	112,5	125	$133\frac{1}{3}$
Bruch	1	$\frac{9}{8}$	$\frac{5}{4}$	$\frac{4}{3}$

	reine Quinte	große Sexte	große Septime	reine Oktave
%	150	$166\frac{2}{3}$	187,5	200
Bruch	$\frac{3}{2}$	$\frac{5}{3}$	$\frac{15}{8}$	2

b)

Ton	c′	d′	e′	f′
Frequenz	528	594	660	704

Ton	g′	a′	h′	c″
Frequenz	792	880	990	1056

Bau einer Panflöte – ein wenig Physik

62 Bei einer Panflöte werden die Pfeifen mit zunehmender Tonhöhe kürzer.

a) Berechne die möglichen Pfeifen-Längen für eine einfache Panflöte in C-Dur, ausgehend von einer Rohrlänge von 16 cm. Dabei entsprechen die Zahlen, mit denen du die Länge multiplizieren musst, genau den Kehrbrüchen aus der vorherigen Aufgabe.

Ton	c′	d′	e′	f′	g′	a′	h′	c″
Länge	16							
	100 %							

b) Berechne, um wie viel Prozent die Rohre kürzer werden. Runde auf eine Stelle nach dem Komma.

So kannst du dir deine eigene Panflöte basteln:
Nimm für die Pfeifen Isolierrohr mit einem Durchmesser von 13,5 mm (Baumarkt). Säge die Rohre in der entsprechenden Länge mit einer Zugabe von etwa 1 cm ab. Dichte jedes Rohr von unten mit Knetmasse ab, sodass die Luftsäule genau die richtige Länge hat. Verbinde die einzelnen Pfeifen mit Heißkleber.

Lösungen

62

Ton	c′	d′	e′	f′
Länge	16	≈ 14,2	12,8	12
%	100	11	20	22

Ton	g′	a′	h′	c″
Länge	≈ 10,7	9,6	≈ 8,5	8
%	$33\frac{1}{3}$	40	$46\frac{2}{3}$	50

Rechnen mit Zinsen

$K = \frac{Z}{p} \cdot 100$

$Z = K \cdot \frac{p}{100}$

$p\,\% = \frac{Z}{K} \cdot 100$

63 Berechne jeweils die fehlende Größe.

a)

K in €	1500		1100	500	4000	240	24
Z in €		41,25	44		240	2,40	
p%	2%	$2\frac{3}{4}$%		1,75%		1%	1,5%

b)

K in €		15120	63	873,40		500	
Z in €	30	378			54	15	13,05
p%	12%		7%	5%	8%		4,5%

Lösungen

63 a)

K	1500 €	1500 €	1100 €	500 €	4000 €	240 €	24 €
Z	30 €	41,25 €	44 €	8,75 €	240 €	2,40 €	0,36 €
p%	2%	$2\frac{3}{4}$%	4%	1,75%	6%	1%	1,5%

b)

K	250 €	15 120 €	63 €	873,40 €	675 €	500 €	290 €
Z	30 €	378 €	4,41 €	43,67 €	54 €	15 €	13,05 €
p%	12%	2,5%	7%	5%	8%	3%	4,5%

Jahreszinsen berechnen

Ist Z gesucht, so rechnest du mit der Formel

$Z = K \cdot \frac{p}{100}$.

64 Berechne die Jahreszinsen

a) für ein Kapital von 280 € bei einem Zinssatz von

0,75 %: ______ 1 %: ______

1,5 %: ______ 2,75 %: ______

3 %: ______

b) für eine längerfristige Spareinlage von 5000 € bei einem Zinssatz von

3,75 %: ______ 4 %: ______

5,5 %: ______ 5,75 %: ______

6 %: ______

Lösungen

64 a) 2,10 €; 2,80 €; 4,20 €; 7,70 €; 8,40 €

b) 187,50 €; 200 €; 275 €; 287,50 €; 300 €

Jahreszinsen berechnen

65 Berechne die Jahreszinsen.

Kapital	Zinssatz			
	2,75 %	3 %	4,25 %	5,5 %
100 €				
1500 €				
13 560 €				
24 000 €				
8 €				
72,52 €				

Sind die Jahreszinsen Z gesucht, so rechnest du mit der Formel

$$Z = K \cdot \frac{p}{100}.$$

Lösungen

65

Kapital	Zinssatz			
	2,75 %	3 %	4,25 %	5,5 %
100 €	2,75 €	3 €	4,25 €	5,5 €
1500 €	41,25 €	45 €	63,75 €	82,50 €
13 560 €	372,90 €	406,80 €	576,30 €	745,80 €
24 000 €	660 €	720 €	1020 €	1320 €
8 €	0,22 €	0,24 €	0,34 €	0,44 €
72,52 €	1,99 €	2,17 €	3,08 €	3,98 €

Zinsen berechnen

66 a) Bei welchem Zinssatz erhält man für 2000 € einen Jahreszins von 20 €; 50 €; 4 €?

b) Bei welchem Zinssatz erhält man für 5000 € einen Jahreszins von 100 €; 250 €; 800 €?

c) Wie viel Zinsen erhält Frau Schlaumeier, wenn sie ihre 1000 € für 3 Jahre zu einem Zinssatz von 2 % anlegt, aber sich jedes Jahr die Zinsen ausbezahlen lässt?

d) Wie viel Zinsen erhält Frau Schlaumeier, wenn sie ihre 1000 € für 3 Jahre zu einem Zinssatz von 2 % anlegt, aber die Zinsen auf dem Konto lässt?

Nach dem 1. Jahr: ______________________________

Nach dem 2. Jahr: ______________________________

Nach dem 3. Jahr: ______________________________

Bei a) und b) ist der Zinssatz p % gesucht; rechne also mit

$p\,\% = \frac{Z}{K} \cdot 100.$

c) Berechne die Zinsen für ein Jahr und multipliziere sie mit 3.

d) Hier musst du schrittweise das neue Kapital nach jeweils einem Jahr berechnen. Rechne so:

$K_{neu} = K_{alt} \cdot (100\,\% + 2\,\%) = K_{alt} \cdot 1{,}02.$

Lösungen

66 a) 1%; 2,5%; 0,2%

b) 2%; 5%; 16%

c) Z = 1000 € 2 · % = 20 €. Nach 3 Jahren erhält Frau Schlaumeier 3 · 20 € = 60 € Zinsen.

d) 1. Jahr: Z = 20 €
2. Jahr: Z = 1020 € · 2% = 20,40 €
3. Jahr: Z = 1040,40 € · 2% = 20,80 €
Nach 3 Jahren erhält sie also 20 € + 20,40 € + 20,80 € = 61,20 € Zinsen.

Zinsrechnung in der Praxis

67 Thuy, Marina und Alena vergleichen ihre Sparbücher.

Berechne für jedes Sparbuch die fehlenden Zinsen und die neuen Kontostände am Jahresende.

Wenn die Zinsen gesucht sind, rechne mit

$Z = K \cdot \frac{p}{100}$.

Lösungen

67 Thuy: 459 €;
Marina: 459,91 €;
Alena: 507,50 €

Sparen

68 Sandra, Elisa und Miriam vergleichen ihre Sparbücher.

Berechne für jedes Sparbuch die fehlenden Einträge.

Hier sind der erhöhte Grundwert und der Zinssatz p % gegeben. Gesucht ist der Grundwert G. Der erhöhte Grundwert ist

$G \cdot 102\,\% = G \cdot 1{,}02.$

Damit gilt für G:

$$G = \frac{G_{erhöht}}{1{,}02}$$

Lösungen

68 Sandra: 1,25 %;
Elisa: 425,22 €;
Miriam: 410 €

Endlich ein eigenes Girokonto

69 Anne möchte für ihr monatliches Taschengeld von 30 € ein eigenes Jugendgirokonto. Sie erhält von den Banken folgende Angebote:

Bank A bietet ihr den jährlichen Zinssatz von 1% an.
Bank B bietet halbjährliche Zinsen von 0,75% an.
Bank C bietet einen Zinssatz von 1,5% an, verlangt aber für jede Kontobewegung eine Gebühr von 0,40 €.

Für welches Konto soll sich Anne entscheiden?
Rechne und begründe.

Für Zinsen, die nicht jährlich berechnet werden, gilt:

$Z = K \cdot p\,\% \cdot \frac{t}{360}$,

wobei t Tage sind. Im Bankwesen hat ein Monat 30 Tage und ein Jahr 360 Tage.

Tipp:
Vergleiche für ein Jahr.

69 Anne zahlt im Jahr $12 \cdot 30\,€ = 360\,€$ ein. Angenommen, sie gibt nichts davon aus, sieht ihr Kontostand am Ende des Jahres folgendermaßen aus:

Bank A: $Z = 360\,€ \cdot 1\% = 3{,}60\,€$

Bank B: $Z = 360\,€ \cdot 0{,}75\% \cdot 2 = 5{,}40\,€$

Bank C: $Z = 360\,€ \cdot 1{,}5\% = 5{,}40\,€$

Da Bank C jedoch zusätzlich Kosten für jede Kontobewegung verlangt, ist Bank B für Anne die günstigste.

Kreditvergleich

70 Familie Schlaumeier möchte für den Hausbau einen Kredit in Höhe von 150 000 € aufnehmen. Dazu vergleicht sie die Angebote von drei Banken:

Bank 1:
Zinsen: 4,75 %
Bearbeitungsgebühr: einmalig 1 % des Kreditwertes

Bank 2:
Zinsen: 5 %
Bearbeitungsgebühr: keine

Bank 3:
Zinsen: 4,5 %
Bearbeitungsgebühr: einmalig 1,5 % des Kreditwertes

Berechne, welches Angebot für Familie Schlaumeier das günstigste ist.

Rechne so:

Bank 1:
$Z = K \cdot \frac{4,75}{100} + K \cdot \frac{1}{100}$

Bank 2:
$Z = K \cdot \frac{5}{100}$

Bank 3:
$Z = K \cdot \frac{4,5}{100} + K \cdot \frac{1,5}{100}$

Lösungen

70 Hier sind Mehrkosten für das 1. Jahr berechnet:

Bank 1: 150 000 € · 4,75 % + 150 000 € · 1 % = 8625 €

Bank 2: 150 000 € · 5 % = 7500 €

Bank 3: 150 000 € · 4,5 % + 150 000 · 1,5 % = 9000 €

Im 1. Jahr ist Bank 2 die günstigste. Auf Dauer wird jedoch Bank 3 die günstigste sein, da die einmalige Beabeitungsgebühr wegfällt und sie die niedrigsten Zinsen verlangt.

Zinseszinsen

71 Die Bank bietet einen Sparbrief mit einem festen Zinssatz von 3,25 % bei einer festen Laufzeit von 4 Jahren an.
Berechne schrittweise, welchen Auszahlungsbetrag man nach Ende der Laufzeit erhält, wenn man 3000 € anlegt, aber nie etwas abhebt.

Guthaben nach dem 1. Jahr: ______________________ €

Guthaben nach dem 2. Jahr: ______________________ €

Guthaben nach dem 3. Jahr: ______________________ €

Eine Erhöhung von K um p % bedeutet Multiplikation von K mit (100 % + p %) oder mit $\left(1 + \frac{p}{100}\right)$.

Lösungen

71 Nach 1. Jahr: 3000 € · 103,25 % = 3097,50 €

2. Jahr: 3097 € · 103,25 % = 3000 € · 103,25 % · 103,25 % = 3198,16 €

3. Jahr: 3198,16 € · 103,25 % = 3000 € · 103,25 % · 103,25 % · 103,25 % = 3302,10 €

4. Jahr: 3302,10 € · 103,25 % = 3000 € · 103,25 % · 103,25 % · 103,25 % · 103,25 % = 3409,41 €

Zinseszinsen

72 Berechne so weit wie möglich im Kopf.

a) Wie viel Zinsen erhältst du, wenn du 100 € zu 4 % für 6 Monate anlegst?

b) Wie viel Zinsen erhältst du, wenn du 1000 € zu 2 % für 3 Monate anlegst?

c) Wie viel Zinsen erhältst du, wenn du 500 € zu 3 % für 4 Monate anlegst?

d) Wie viel Zinsen erhältst du, wenn du 1000 € zu 2,5 % für 8 Monate anlegst?

a) Rechne so:

6 Monate = $\frac{1}{2}$ Jahr,

also gilt:

$Z = 100 \cdot \frac{4}{100} \cdot \frac{1}{2}$

Lösungen

72 a) $Z = 100\,€ \cdot 4\,\% \cdot \frac{1}{2} = 2\,€$

b) $Z = 1000\,€ \cdot 2\,\% \cdot \frac{1}{4} = 15\,€$

c) $Z = 500\,€ \cdot 3\,\% \cdot \frac{1}{3} = 5\,€$

d) $Z = 1000\,€ \cdot 2{,}5\,\% \cdot \frac{3}{4} = 18{,}75\,€$

Vom Sparen

73 Quang, Andreas und Sven vergleichen ihre Kontoauszüge. Sie wollen wissen, wie viel Geld sie nach einigen Monaten auf ihren Girokonten haben werden.

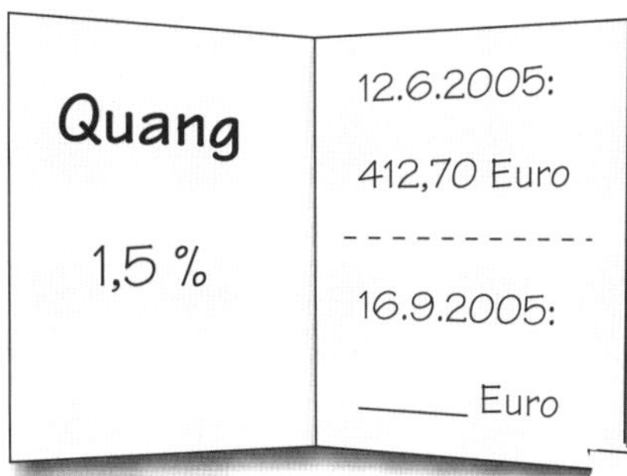

Berechne für jeden Kontoauszug die fehlenden Einträge und fülle die Lücken aus.

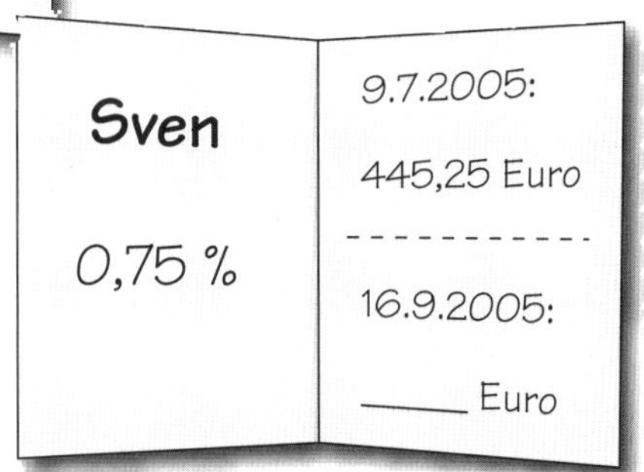

Zähle, wie viele Tage das Geld auf dem Konto lag und rechne mit

$Z = k \cdot p\,\% \cdot \frac{t}{360}$.

Lösungen

73 Quang: $Z = 412{,}70 \cdot \frac{1{,}5}{100} \cdot \frac{96}{360} \approx 1{,}65\,€$;

$K_{neu} = 412{,}70\,€ + 1{,}65\,€ = 414{,}35\,€$

Andreas: $Z = 420{,}50 \cdot \frac{1{,}25}{100} \cdot \frac{81}{360} \approx 1{,}18\,€$;

$K_{neu} = 420{,}50\,€ + 1{,}18\,€ = 421{,}68\,€$

Sven: $Z = 445{,}25 \cdot \frac{0{,}75}{100} \cdot \frac{69}{360} \approx 0{,}64\,€$;

$K_{neu} = 445{,}25\,€ + 0{,}64\,€ = 445{,}89\,€$

Vom Sparen

74 Nach ihrer Konfirmation zahlt Elisa am 20. April 550 € auf ihr Sparbuch ein. Für ihren Aufenthalt im Zeltlager hebt sie am 25. Juli das Geld wieder ab.

a) Berechne, wie viele Tage das Geld auf ihrem Sparbuch lag.

b) Berechne, wie viele Zinsen ihr in dieser Zeit von der Bank bei einem Zinssatz von 1,5 % gutgeschrieben wurden.

Rechne mit

$Z = K \cdot p\,\% \cdot \frac{t}{360}$.

Lösungen

74 a) 10 Tage im April + 31 Tage im Mai + 25 Tage im Juni = 66 Tage

b) $Z = 550\,€ \cdot 1{,}5\,\% \cdot \frac{66}{360} = 1{,}51\,€$

Geldspielereien*

75 Wie viel Zinsen bringt

a) das ganze Kapital bei doppeltem Zinssatz?

b) das doppelte Kapital bei halbem Zinssatz?

c) das halbe Kapital bei halbem Zinssatz?

d) das dreifache Kapital bei einem Viertel des Zinssatzes?

e) das halbe Kapital bei dreifachem Zinssatz?

f) ein Viertel des Kapitals bei dreifachem Zinssatz?

Überlege an einem selbst gewählten Beispiel.

Nimm z. B. K = 100 €; p = 2 % und berechne Z.
Verändere dann K und p % wie in der Aufgabe beschrieben und vergleiche.

Lösungen

75 Es sei $K = 100\,€$ und $p\,\% = 2\,\%$ und somit $Z = 2\,€$.

a) $p_{neu} = 4\,\%$; also $Z_{neu} = 4\,€$
Die Zinsen sind also doppelt so hoch.

b) $K_{neu} = 200\,€$; $p_{neu} = 1\,\%$; also $Z_{neu} = 2\,€$
Die Zinsen sind also gleich groß.

c) $K_{neu} = 50\,€$; $p_{neu} = 1\,\%$; also $Z_{neu} = 0{,}50\,€$
Die Zinsen sind also ein Viertel so hoch.

d) $K_{neu} = 300\,€$; $p_{neu} = 0{,}5\,\%$; also $Z_{neu} = 1{,}50\,€$
Die Zinsen sind noch $\frac{3}{4}$ so hoch.

e) $K_{neu} = 50\,€$; $p_{neu} = 6\,\%$; also $Z_{neu} = 3\,€$
Die Zinsen sind also 1,5-mal so hoch.

f) $K_{neu} = 25\,€$; $p_{neu} = 6\,\%$; also $Z_{neu} = 1{,}50\,€$
Die Zinsen sind also $\frac{3}{4}$-mal so hoch.

Nobel, nobel

76 Der schwedische Chemiker und Industrielle Alfred Nobel (1833–1896) hinterließ sein Vermögen einer Stiftung und verfügte in seinem Testament: „Das Kapital [...] soll einen Fonds bilden, dessen jährliche Zinsen als Preise denen zugeteilt werden, die im verflossenen Jahr der Menschheit den größten Nutzen geleistet haben." Seit 1901 werden jährlich Nobelpreise für Physik, Chemie, Medizin, Literatur und der Friedensnobelpreis verliehen. 2003 betrug das Preisgeld für jeden Bereich umgerechnet etwa 1,1 Mio. €.

a) Überlege, wie hoch das Vermögen der Stiftung ungefähr sein könnte.

b) 1999 betrug das Preisgeld pro Preiskategorie ungefähr 920 000 €. Berechne, um wie viel Prozent der Wert gestiegen ist.

a) Rechne mit verschiedenen, zur Zeit üblichen Zinssätzen, zum Beispiel mit 5 %.

b) Hier ist p % gesucht. Aber Achtung, gegeben ist K und das erhöhte Kapital. Rechne so:

$\frac{K_{erhöht}}{K} \cdot 100 - 100 = p\,\%$

Lösungen

76 a) Wie hoch das Vermögen ist, kann man nicht genau sagen.
Bei einem Zinssatz von 5 % würde das Vermögen mindestens 110 Millionen Euro betragen.

b) Der Wert ist um fast 20 % gestiegen.

Komplexe Sach- und Anwendungsaufgaben

77 Die PISA-Studie untersuchte bei 15-Jährigen aus verschiedenen Ländern die Basiskompetenzen in Lesen, Mathematik und Naturwissenschaft. Die Aufgaben waren in Kompetenzstufen von I (leicht) bis V (schwer) eingeteilt.

Die Ergebnisse in Deutschland waren Besorgnis erregend: 10 % erreichten nicht einmal die niedrigste Stufe der Lesekompetenz, so viele wie in keinem anderen untersuchten Land. Auch bei der Leseunlust liegen die deutschen Jugendlichen weit vorne: 42 % lesen nicht zum Vergnügen.

In Mathe erreichten nur 24 % die Kompetenzstufe III, was die Befähigung zur Lösung einfacher Prozentaufgaben ausdrückt. Ebenfalls 24 % erreichten gerade einmal die Kompetenzstufe I, also Grundschulniveau.

Berechne, wie viele von 500 Jugendlichen über die jeweiligen Kompetenzen verfügen.

Hier musst du jedes Mal den Prozentwert W berechnen:

$W = G \cdot \frac{p}{100}$.

Lösungen

77 Niedrigste Stufe Lesekompetenz:
500 Schüler · 10 % = 50 Schüler

Lesen ohne Vergnügen:
500 Schüler · 42 % = 210 Schüler

Mathe Kompetenzstufen I und III:
500 Schüler · 24 % = 120 Schüler

Beispielaufgabe aus PISA

78 Du wirst beauftragt, einen neuen Satz von Münzen zu entwerfen. Alle Münzen sollen rund und silberfarbig sein, aber verschiedene Durchmesser haben. Forscher haben herausgefunden, dass ein idealer Satz von Münzen folgende Anforderungen erfüllt:

- Der Durchmesser der Münzen sollte nicht kleiner als 15 mm und nicht größer als 45 mm sein.
- Ausgehend von einer Münze muss der Durchmesser der nächsten Münze mindestens 30 % größer sein.

Die Prägemaschine kann nur Münzen herstellen, deren Durchmesser in Millimeter ganzzahlig ist (z. B. 17 mm sind zulässig, 17,3 mm nicht).

Entwirf einen Satz von Münzen, der die oben genannten Anforderungen erfüllt. Beginne mit einer 15-Millimeter-Münze. Dein Satz sollte so viele Münzen wie möglich enthalten.

78 **15 mm** · 1,3 = 19,5 mm geht nicht,
also **20 mm** · 1,3 = **26 mm** · 1,3 = 33,8 mm geht nicht,
also **34 mm** · 1,3 = 44,2 mm geht nicht, also **45 mm**.

Messing

79 Messing ist eine Legierung (Mischung) aus 70 % Kupfer und 30 % Zink.

a) Berechne die Masse eines Messingstückes, in welchem 225 g Zink enthalten sind.

b) Berechne die Masse des im Messingstück enthaltenen Kupfers.

a) Gegeben sind

$W = 225\,g$ und

$p = 30\,\%$.

Gesucht ist

$G = \frac{W}{p} \cdot 100$.

Lösungen

79 a) $G = \frac{225}{30} \cdot 100 = 750\,g$

b) Kupfer: $750\,g - 225\,g = 525\,g$

Es ist nicht alles Gold, was glänzt

80 Da reines Gold ein sehr weiches Metall ist, wird es oft mit anderen Metallen vermischt. Das nennt man Gold-Legierung. In Goldschmuck findest du oft Zahlenangaben wie 333, 585 oder 750. Diese Zahlen entsprechen dem Goldanteil in Tausendsteln.

a) Wandle den Goldanteil in Promille- und Prozentangaben um.

b) Wie viel reines Gold wurde zu einer 333er-Kette mit einem Gewicht von 16 g verarbeitet?

c) Ein 585er-Ring wiegt 3,5 g. Wie viel Gramm reines Gold enthält er?

d) Ein Juwelier will ein 12 g schweres Schmuckstück herstellen. Er hat dafür 8 g Gold zur Verfügung. Welchen Goldgehalt kann das Schmuckstück maximal erhalten?

Bei b) und c) rechne mit

$W = G \cdot \frac{p}{100}$.

d) Berechne p % und vergleiche mit den möglichen Goldanteilen.

Lösungen

80 a) Promille: 333 ‰; 585 ‰; 750 ‰;
Prozent: 33,3 %; 58,5 %; 75 %

b) $W = 16\,g \cdot \frac{333}{1000} = 5{,}328\,g$

c) $W = 3{,}5\,g \cdot \frac{585}{1000} = 2{,}0475\,g$

d) $p\,\% = \frac{8}{12} \cdot 100 = 66\frac{2}{3}\,\%$;
das Schmuckstück kann also einen Goldgehalt von maximal 585 erhalten.

Die Milch macht's

81 a) 1 Liter Vollmilch hat einen Fettanteil von 3,5 %. Mit wie viel Wasser musst du die Milch verdünnen, wenn du einen Fettgehalt von 1,5 % erhalten willst?

b) Eine 200 g-Packung Kaffeesahne hat einen Fettanteil von 10 %. Mit wie viel Wasser musst du die Kaffeesahne verdünnen, um 4%ige bzw. 7,5%ige Kaffeemilch zu erhalten?

a) In 1000 ml Vollmilch sind W = 35 g Fett enthalten.

Gesucht ist die Menge Milch, bei der 35 g Fett einem Anteil von p = 1,5 % entsprechen.

Rechne

$G = \frac{W}{p} \cdot 100$.

Lösungen

81 a) 1000 g Milch enthalten 35 g Fett; gesucht ist also G:

$G = \frac{p}{1,5} \cdot 100 = 2\frac{1}{3}\,g = 2\frac{1}{3}\,l$. Man muss die Milch also

mit $2\frac{1}{3}\,l - 1\,l = 1\frac{1}{3}\,l$ verdünnen.

b) 200 g Kaffeesahne enthalten 20 g Fett.

4%ige Kaffeemilch mit 20 g Fett wiegt

$\frac{20}{4} \cdot 100 = 500\,g$.

Die Kaffeesahne muss also mit

500 g − 200 g = 300 g Wasser verdünnt werden.

Die Milch macht's

82 Kuhmilch hat einen Fettanteil von 3,9 %. Um fettarme Milch (1,5 %) herzustellen, wird der Milch in einer Zentrifuge Fett entzogen. Aus diesem Fett wird Butter hergestellt.

Berechne, wie viel Liter Kuhmilch für die Herstellung von 250 g Butter benötigt werden.

Hier ist Platz für deine Rechnung.

Lösungen

82 1 kg Kuhmilch enthält 39 g Fett, 1 kg fettarme Milch 15 g.
24 g Fett bleiben für Butter übrig.
Man benötigt also 250 g : 24 g ≈ 10,5 Liter Milch zur Herstellung von 250 g Butter.

Promille

83 a) Wie viel Gramm Alkohol ist in drei Flaschen Bier (à 0,5 l) mit einem Alkoholgehalt von 5 % enthalten?

b) Alkopops enthalten 6 % Alkohol. Wie viel Gramm Alkohol sind in vier 0,3 l-Flaschen mit Alkopops enthalten?

c) Wie viel Gramm Alkohol sind in drei 0,25 l-Gläsern Wein mit einem Alkoholgehalt von 12 % enthalten?

d) Ein Likör enthält 25 % Alkohol. Wie viel Gramm Alkohol sind in 6 cl Likör enthalten?

Beachte:

1 ml Alkohol wiegt 0,8 g.

d) 1 cl = 10 ml = 0,01 l

Lösungen

83 a) Alkoholgehalt: 1,5 l · 5% = 75 ml; 75 · 0,8 g = 60 g

b) Alkoholgehalt: 1,2 l · 6 % = 72 ml; 72 · 0,8 g = 57,6 g

c) Alkoholgehalt: 0,75 l · 12 % = 90 ml; 90 · 0,8 g = 72 g

d) Alkoholgehalt: 60 ml · 25 % = 15 ml; 15 · 0,8 g = 12 g

Promille

84 Im Straßenverkehrsgesetz steht: „Ordnungswidrig handelt, wer im Straßenverkehr ein Kraftfahrzeug führt, obwohl er [...] 0,5 Promille oder mehr Alkohol im Blut [...] hat [...]."
Der getrunkene Alkohol verteilt sich auf die gesamte Körperflüssigkeit, die unterschiedlich viel sein kann. Du kannst ungefähr von folgenden Werten für den Anteil der Körperflüssigkeit am Gesamtgewicht ausgehen:

	schlank	füllig
Mann	65 %	58 %
Frau	56 %	46 %

a) Ist ein 100 kg schwerer Mann nach 2 halben Litern Bier und 2 Schnäpsen (je 0,1 cl; 40 %) noch fahrtüchtig?
b) Nach wie vielen 0,3 l-Flaschen Alkopops hat die schlanke Frau Dullo, 56 kg, eine Blutalkoholkonzentration von über 0,5 ‰?
c) Überlege dir weitere Aufgaben und löse sie.

84 a) Bier:

Volumen des Alkohols: $1\,l \cdot 5\,\% = 50\,ml$

Gewicht des Alkohols: $50 \cdot 0{,}8\,g = 40\,g$

Schnaps: Volumen des Alkohols:

$20\,ml \cdot 40\,\% = 8\,ml$

Gewicht des Alkohols: $8 \cdot 0{,}8\,g = 6{,}4\,g$

Gewicht der Körperflüssigkeit:

$100\,kg \cdot 58\,\% = 58\,kg$

Blutalkoholkonzentration:

$\frac{46{,}4\,g}{58\,000\,g} = 0{,}8\,‰$

Der Mann ist nicht mehr fahrtüchtig.

b) Alkopop pro 0,3 l:

Volumen des Alkohols: $0{,}3\,l \cdot 6\,\% = 18\,ml$

Gewicht des Alkohols: $18 \cdot 0{,}8\,g = 14{,}4\,g$

Gewicht der Körperflüssigkeit:

$56\,kg \cdot 56\,\% = 31{,}36\,kg$

Blutalkoholkonzentration: $\frac{14{,}4\,g \cdot x}{31\,360\,g} = 0{,}5\,‰$

$x = \frac{31\,360\,g}{14{,}4\,g} \cdot 0{,}5\,‰ \approx 1$

Frau Dullo dürfte also gerade mal 1 Flasche Alkopops trinken, damit sie gerade noch unter der 0,5 ‰-Grenze liegt.

Aus der Wirtschaft

85 Wie das Statistische Bundesamt mitteilte, hat Deutschland 2003 Waren im Wert von 70 Mrd. Euro nach Frankreich exportiert. Dies entsprach einem Anteil von 10,6 % an allen deutschen Ausfuhren. In die USA exportierte Deutschland Waren für 61,7 Mrd. Euro und nach Großbritannien für 55,3 Mrd. Euro. Der Anteil der nach Belgien ausgeführten Waren betrug 5 % und der nach Polen und in die Tschechische Republik jeweils 2,5 %.

a) Wie hoch war der Wert aller exportierter Waren?

b) Berechne, welchen Anteil die in die USA und nach Großbritannien exportierten Waren hatten.

c) Wie groß war der Wert der nach Belgien, in die Tschechische Republik und nach Polen ausgeführten Waren?

a) G gesucht:

$$G = \frac{W}{p} \cdot 100$$

b) p % gesucht:

$$p\,\% = \frac{W}{G} \cdot 100$$

c) W gesucht:

$$W = G \cdot \frac{p}{100}$$

Mehr vom Statistischen Bundesamt findest du im Internet unter www.destatis.de.

Lösungen

85 a) $\frac{70}{10{,}6} \cdot 100 \approx 660{,}4$ Mrd. €

b) USA: $\frac{61{,}7}{660{,}4} \cdot 100 \approx 9{,}3\,\%$

GB: $\frac{55{,}3}{660{,}4} \cdot 100 \approx 8{,}4\,\%$

c) Belgien: $660{,}4 \cdot 5\,\% \approx 33$ Mrd. €
Tschechische Republik und Polen:
$660{,}4 \cdot 2{,}5\,\% \approx 16{,}5$ Mrd. €

Aus dem finnischen Mathe-Abitur*

86 Die folgende Aufgabe stammt aus einer Mathematikklausur vom Frühjahr 2002:

Im Jahre 2001 wuchs der Wert des Anteils der von einem Geschäftsunternehmen ins Ausland verkauften Waren im Vergleich zum Jahr 2000.
Zur gleichen Zeit verringerte sich der Wert des im Inland verkauften Warenanteils um 5%. Dabei wuchs der Wert der gesamten verkauften Ware des Unternehmens um 6%. Berechne, wie viel Prozent des Verkaufs im Jahre 2000 ins Ausland ging.

Denkansätze:
- statt mit % mit Dezimalzahlen rechnen
- Ausland: a; Inland: i

2000:
$a + i = 1$; also $i = 1 - a$

2001:
$1{,}1a + 0{,}95i = 1{,}06$;
also gilt:
$1{,}1a + 0{,}95(1 - a) = 1{,}06$
$1{,}1a + 0{,}95 - 0{,}95a = 1{,}06$
$0{,}15a = 0{,}11$

Rechne nun a aus und wandle die Dezimalzahl in eine Prozentangabe um.

86 Jahr 2000: $a + i = 100\,\% = 1$; also $i = 1 - a$

Jahr 2001: $1{,}1a + 0{,}95(1 - a) = 1{,}06$

$1{,}1a + 0{,}95 - 0{,}95a = 1{,}06$

$0{,}15a = 0{,}11$

$a = \frac{0{,}11}{0{,}15} = 0{,}7\overline{3}$

Ins Ausland wurden also $73\frac{1}{3}\,\%$ der Waren geliefert.

Zu Hause

87 Familie Saubermann wohnt in einer 94 m^2 großen Stadtwohnung in Stuttgart. Letzten Monat erhöhte der Vermieter die Miete um 8 %, um 52 €.

a) Formuliere dazu mindestens eine Frage und beantworte sie.

b) Wie hoch war die alte Miete?

c) Berechne, wie viel Miete Familie Saubermann jetzt bezahlen muss.

b) $G = \frac{W}{p} \cdot 100$

87 b) $G = \frac{52\,€}{8} \cdot 100 = 650\,€$

c) Familie Saubermann muss jetzt 702 € Miete zahlen.

Ab in den Urlaub

88 Familie Maier (Mutter, Vater, Sohn 15 Jahre, Tochter 10 Jahre) möchte endlich ihren Jahresurlaub buchen. Nach langen Diskussionen bleiben noch zwei Ziele zur Auswahl:

Das Hotel Relax Pur für 609 € pro Person und mit einem Kinderrabatt von 30 % für 2–11 Jahre und 20 % für 12–16 Jahre und das Hotel Abenteuerland für 589 € pro Person und mit einem
generellen Kinderrabatt von 20 %.

Berechne, welches Hotel für Familie Maier günstiger ist.

Lösungen

88

	Hotel Relax Pur	Hotel Abenteuerland
Erwachsener	609 €	589 €
Erwachsener	609 €	589 €
Kind 2–11 Jahre	$609 \cdot \frac{70}{100}$ = 426,30 €	$589 \cdot \frac{80}{100}$ = 471,20 €
Kind 12–16 Jahre	$609 \cdot \frac{80}{100}$ = 487,20 €	$589 \cdot \frac{80}{100}$ = 471,20 €
Endpreis	2131,50 €	2120,40 €

Das Hotel Abenteuerland ist für Familie Maier etwas günstiger.

In Raten

89 Chris möchte sich ein Mofa für 1999 € kaufen. Der Händler bietet ihm einen Ratenkauf mit einer Laufzeit von 2 Jahren und Monatsraten zu 95 € an.

a) Berechne den Ratenkaufpreis und vergleiche.

b) Um wie viel Prozent ist der Ratenkauf teurer als der Barkauf?

b)

$$\frac{\text{Ratenkauf}}{\text{Barkauf}} \cdot 100 - 100\,\% = p\,\%$$

Lösungen

89 a) Ratenkaufpreis: $24 \cdot 95\,€ = 2280\,€$
Der Ratenkaufpreis ist also 281 € teurer.

b) $\frac{2280}{1999} \cdot 100 - 100 \approx 14\,\%$

Der Ratenkauf ist also gut 14 % teurer als der Barkauf.

Rabattaktion

90 Das Kaufhaus Preiswert wirbt: Alle Preise bis 75 % reduziert!

Gameboy-Spiele	~~29,50~~ €	5,90 €
CDs	~~14,99~~ €	5,99 €
Bücher	~~7,99~~ €	5,59 €
DVDs	~~29,99~~ €	22,49 €

Was meinst du dazu?

Berechne dazu die Prozentsätze und vergleiche mit dem Werbespruch.

Lösungen

90 Gameboy-Spiele: $p\,\% = 100 - \frac{5{,}90\,€}{29{,}50\,€} \cdot 100 = 80\,\%$

CDs: $p\,\% = 100 - \frac{5{,}99\,€}{14{,}99\,€} \cdot 100 \approx 60\,\%$

Bücher: $p\,\% = 100 - \frac{5{,}99\,€}{7{,}99\,€} \cdot 100 \approx 25\,\%$

DVDs: $p\,\% = 100 - \frac{22{,}49\,€}{29{,}99\,€} \cdot 100 \approx 25\,\%$

Das Kaufhaus hat nicht alle Preise um 75 % gesenkt; es soll wohl ein Lockangebot sein.

Rabattaktion

91 Das Kaufhaus Preiswert erhöht zu Beginn des Jahres alle Elektroartikel zunächst um 10 %. Bei einer späteren Rabattaktion werden die ursprünglich erhöhten Preise um 10 % gesenkt. Tolga möchte einen Drucker, der zu Jahresbeginn noch 129 € gekostet hat, kaufen. Er meckert: „Da kann ich ja gar nichts sparen!"

a) Formuliere dazu mindestens eine Frage und beantworte sie.

b) Berechne, wie viel der Drucker bei der Rabattaktion noch kostet.

c) Hat Tolga Recht, wenn er behauptet, nichts gespart zu haben?

Lösungen

91 b) Erhöhung um 10 %: 129 € · 1,1 = 141,90 €
Preissenkung um 10 %: 141,90 € · 0,9 = 127,71 €

c) Ersparnis: 129 € − 127,71 € = 1,29 €;
$p\,\% = \frac{1{,}29\,€}{129\,€} \cdot 100 = 1\,\%$

Tolga spart immerhin 1,29 €, das ist 1 %.

Rabattaktion

92 Das Kaufhaus Preiswert hat Aktionswochen. Jeder DVD-Recorder wird um 30 % reduziert. Zusätzlich erhält man noch 2 % Skonto bei Barzahlung.

a) Herr Geizig zahlt bar. Der DVD-Recorder kostet ihn nur noch 312,13 €. Berechne, wie teuer der DVD-Recorder vor den Aktionswochen war.

b) Herr Geizig freut sich: „Da habe ich ja 32 % gespart“. Hat er damit Recht?

a) Überlege: Reduzierung um 30 % bedeutet $G \cdot 70\,\%$. Dieser Preis wird nochmals um 2 % gesenkt: $G \cdot 70\,\% \cdot 98\,\%$.

Damit ist: $312{,}13\,€ = G \cdot 70\,\% \cdot 98\,\% = G \cdot 68{,}6\,\%$.

Somit gilt:

$$G = \frac{312{,}13\,€}{68{,}6} \cdot 100$$

Lösungen

92 a) $312{,}13\,€ = G \cdot \frac{70}{100} \cdot \frac{98}{100} = G \cdot 0{,}686$

$G = \frac{312{,}13\,€}{0{,}686} = 455\,€$

b) Naja, er hat damit fast Recht. Seine exakte Ersparnis beträgt

$100\,\% - \frac{312{,}13\,€}{455\,€} \cdot 100 = 100\,\% - 68{,}6\,\% = 31{,}4\,\%.$

Medaillenspiegel

93 Medaillenspiegel der Olympischen Sommerspiele in Athen 2004.

Land	Medaillen			p%	deine Rangliste	offizielle Rangliste
	G	S	B			
Australien	17	16	16			4.
China	32	17	14			2.
Deutschland	14	16	18			6.
Japan	16	9	12			5.
Russland	27	27	37			3.
USA	35	39	29			1.

a) Überlege dir, nach welchem Verfahren eine Rangliste erstellt werden kann.

b) Insgesamt wurden 929 Medaillen vergeben. Berechne die Prozentsätze in der Tabelle.

c) In der rechten Spalte findest du die offizielle Rangliste. Vergleiche sie mit deiner und der durch die Berechnung der Prozentsätze entstandenen Reihenfolge.

Lösungen

93 b)

Land	Medaillen			p%	deine Rangliste	offizielle Rangliste
	G	S	B			
Australien	17	16	16	≈ **5,27**		4.
China	32	17	14	≈ **6,78**		2.
Deutschland	14	16	18	≈ **5,17**		6.
Japan	16	9	12	≈ **3,98**		5.
Russland	27	27	37	≈ **9,80**		3.
USA	35	39	29	≈ **11,09**		1.

Mein Geld – dein Geld*

94 Daniel und Vladimir unterhalten sich über ihre Computerspiele.

Daniel: „Für mein neues Spiel ‚Medaillenjagd‘ habe ich 80 % meines ganzen Taschengeldes ausgegeben."
Vladimir: „Ich habe für dasselbe Spiel nur 40 % meines Geldes zahlen müssen."
Daniel verwundert: „Dann hast du ja ein richtiges Schnäppchen gemacht."

Es stellt sich jedoch heraus, dass beide genau denselben Betrag gezahlt haben.

Urteile und begründe.

Hier gibt es zwei verschiedene Lösungsmöglichkeiten:

1. Zeichne jeweils ein Diagramm.
2. Stelle eine Gleichung auf.

94 $P_1 = P_2$

$P_1 = 80\,\% \cdot G_1 = 40\,\% \cdot G_2 = P_2$

$2 \cdot G_1 = G_2$

Vladimir erhält also doppelt so viel Taschengeld wie Daniel.

Pakete

95 Ein Paket hat die Kantenlängen 40 cm, 25 cm und 15 cm. Sein Fassungsvermögen soll um 20 % erhöht werden.

a) Berechne das Volumen des neuen Pakets.

b) Welche Kantenlängen kann das größere Paket haben? Gib mehrere Möglichkeiten an.

__________ cm __________ cm __________ cm

oder

__________ cm __________ cm __________ cm

c) Kann ein würfelförmiges Paket dasselbe Volumen haben?

Für das Volumen eines Quaders gilt:

V = Länge · Breite · Höhe.

a) Multipliziere G mit

$$\left(1 + \frac{p}{100}\right).$$

c) Würfel mit Seitenlänge a:

$$V = a^3.$$

Lösungen

95 a) $V_{alt} = 40\,cm \cdot 25\,cm \cdot 15\,cm = 15\,000\,cm^3$

$V_{neu} = 15\,000\,cm^3 \cdot 1{,}2 = 18\,000\,cm^3$

b) hier 2 Beispiele: 60 cm; 20 cm; 15 cm; 40 cm; 30 cm; 15 cm

c) Für das Würfelvolumen gilt: $V = a \cdot a \cdot a = a^3$.
Für $a^3 = 18\,000\,cm^3$ gibt es in $\mathbb{Q}$ keine Lösung.

Pakete

96 Die Packsets der Post haben folgende Maße in cm:

S	Small	25 × 17,5 × 10
M	Medium	35 × 25 × 12
L	Large	40 × 25 × 15
XL	Extra Large	50 × 30 × 20

a) Um wie viel Prozent ist der Packset-Inhalt des nächsten Pakets größer als der des vorhergehenden?

*b) Um wie viel Prozent ist der Materialverbrauch des nächstgrößeren Pakets höher?

b) So berechnest du die Oberfläche eines Quaders:

$O = 2(ab + bc + ac)$.

Lösungen

96 a) $V_S = 4375\,cm^3$; $V_M = 10\,500\,cm^3$; $V_L = 15\,000\,cm^3$; $V_{XL} = 30\,000\,cm^3$

M größer als S: $\frac{10\,500}{4375} \cdot 100\,\% = 240\,\%$

L größer als M: $\frac{15\,000}{10\,500} \cdot 100\,\% \approx 143\,\%$

XL größer als L: $\frac{30\,000}{15\,000} \cdot 100\,\% = 200\,\%$

b) $O_S = 1725\,cm^2$; $O_M = 3190\,cm^2$; $O_L = 3950\,cm^2$; $O_{XL} = 6200\,cm^2$

M größer als S: $\frac{3190}{1725} \cdot 100\,\% \approx 185\%$

L größer als M: $\frac{3950}{3190} \cdot 100\,\% \approx 124\,\%$

XL größer als L: $\frac{6200}{3950} \cdot 100\,\% \approx 157\,\%$

Aus der Geometrie

97 Aus einem Quader mit den Seitenlängen $a = 50\,cm$; $b = 30\,cm$; $c = 60\,cm$ wird

a) ein Quader mit $a = 50\,cm$; $b = 20\,cm$; $c = 30\,cm$ herausgeschnitten.

b) ein größtmöglicher Würfel herausgeschnitten.

Berechne jeweils den prozentualen Abfall.

Lösungen

97 $V_{Quader} = 50\,cm \cdot 30\,cm \cdot 60\,cm = 90\,000\,cm^3$

a) $V_{kleiner\ Quader} = 50\,cm \cdot 20\,cm \cdot 30\,cm = 30\,000\,cm^3$

Abfall: $100\,\% - \frac{30\,000}{90\,000} \cdot 100\,\% = 66\frac{2}{3}\,\%$

b) kleinste Seite: 30 cm
Größtmöglicher Würfel:
$V = 30\,cm \cdot 30\,cm \cdot 30\,cm = 27\,000\,cm^3$.

Abfall: $100\,\% - \frac{27\,000}{90\,000} \cdot 100\,\% = 70\,\%$

Aus der Geometrie

98 Bei den folgenden Aufgaben sollst du eine Frage formulieren und einen Ansatz zur Berechnung geben.

a) Der Flächeninhalt eines Rechtecks mit 3 cm Breite und 4,8 cm Länge wird um 40 % vergrößert.

b) Der Umfang eines Dreiecks mit den Seiten $a = 3{,}6\,cm$; $b = 5\,cm$ und $c = 6{,}4\,cm$ wird um 20 % verkleinert.

c) Der Rauminhalt eines Quaders mit den Kantenlängen $a = 2\,cm$; $b = 4\,cm$ und $c = 10\,cm$ soll um 20 % erhöht werden.

d) Eine Seitenlänge eines Rechtecks wird um 25 % vergrößert. Der Flächeninhalt bleibt aber gleich.

Lösungen

98 a) Welche Seitenlängen hat das größere Rechteck?

$A_{neu} = A_{alt} \cdot 140\,\% = 14{,}4\,cm^2 \cdot 140\,\% = 20{,}16\,cm^2$

b) Welche Seitenlängen hat das neue Dreieck?

$U_{neu} = U_{alt} \cdot 80\,\% = 15\,cm \cdot 80\,\% = 12\,cm$

c) Welchen Rauminhalt hat der größere Quader?

$V_{neu} = V_{alt} \cdot 120\,\% = 80\,cm^3 \cdot 120\,\% = 96\,cm^3$

d) Um wie viel Prozent muss die andere Seite verkürzt werden?

$A = a \cdot b \cdot 100\,\% = a \cdot x\,\% \cdot b \cdot 125\,\%.$

Somit muss gelten: $x\,\% \cdot 125\,\% = 100\,\%$; also $x\,\% = 80\,\%$.

Die andere Seitenlänge muss also um $100\,\% - 80\,\% = 20\,\%$ verkürzt werden.

Was für ein Gebräu!

99 Miraculix experimentiert an einem neuen Zaubertrank. Die Mischung soll aus 45 % Wasser, 23 % Rübensaft, 14,5 % gemahlenem Fisch und 140 g Zucker bestehen.

a) Berechne, wie viel g Wasser, Rübensaft und Fisch Miraculix mischen muss.

b) Zeichne die einzelnen Bestandteile im Verhältnis als Diagramm in die Flasche.

Lösungen

99 a) 140 g sind 17,5 %; $G = \frac{140\,g}{17{,}5} \cdot 100 = 800\,g$

b) Wasser: 360 g; Rübensaft: 184 g; Fisch: 116 g

Textaufgaben finden

100 Berechne und erfinde jeweils eine Textaufgabe zu folgenden Aufgaben:

a) 199 € · 0,75 = ____________________

b) 2500 € · 102,75 = ____________________

c) 250 g · 120 % = ____________________

d) 15 km · ____________________ = 17,5 km

e) ____________________ · 1,1 = 88 €

Lösungen

100 Hier findest du jeweils ein Beispiel:

a) Der Preis eines DVD-Players von 199 € wird um 25 % reduziert.
Er kostet jetzt nur noch 149,25 €.

b) Der Ratenkauf eines 2500 € teuren Rollers ist 2,75 % teurer als der Barkauf.
Der Roller kostet bei Ratenzahlung 2568,75 €.

c) Jubiläumspack! In der neuen Knabberpackung sind jetzt 250 g und 20 % mehr Inhalt.
Es sind insgesamt 300 g Knabberspaß in der Packung.

d) Mit dem Auto sind die 15 km Fahrradstrecke zur Schule länger. Es sind 17,5 km.
Das sind $16\frac{2}{3}$ % mehr.

e) Der MP3-Player kostet jetzt 88 €. Das sind 10 % mehr als letztes Jahr.
Letztes Jahr kostete der MP3-Player noch 80 €.